国家出版基金项目
NATIONAL PUBLICATION FOUNDATION
"十二五"国家重点图书出版规划项目

中国 CHINA 地理百科

GEOGRAPHY ENCYCLOPEDIA

U0209575

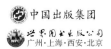

中国出版集团

世界图书出版公司
广州·上海·西安·北京

顾问委员会

主任委员 孙鸿烈 中国科学院院士，中国科学院地理科学与资源研究所研究员

委　员 赵其国 中国科学院院士，中国科学院南京土壤研究所研究员

刘昌明 中国科学院院士，中国科学院地理科学与资源研究所研究员

郑　度 中国科学院院士，中国科学院地理科学与资源研究所研究员

王　颖 中国科学院院士，南京大学教授

陆大道 中国科学院院士，中国科学院地理科学与资源研究所研究员

秦大河 中国科学院院士，中国科学院寒区旱区环境与工程研究所研究员

姚檀栋 中国科学院院士，中国科学院青藏高原研究所研究员

傅伯杰 中国科学院院士，中国科学院生态研究中心研究员

崔　鹏 中国科学院院士，中国科学院成都山地灾害与环境研究所研究员

编辑委员会
（排名以汉语拼音为序）

主　任 王　涛

副主任 陈广庭　明庆忠　司徒尚纪　孙广友　王国梁　王　建　赵焕庭

委　员 蔡　静　陈名港　陈　岩　程焕文　邓　宏　邓启耀　冯德显
呼格吉勒图　胡宝清　胡慧建　胡汝骥　黄家柱　焦华富
李家清　李平日　李　睿　林保翠　刘峰贵　马定国　区　进
任建兰　王建力　巫光明　吴小星　杨　新　杨艳玮　俞　莹
曾　刚　周洪威　朱晓辉

本书文稿工作者

词条拟列：区　进　　　　　词条审核：文　波
文稿编撰：李国平　　　　　统　稿：蔡　静
文稿审核：区　进　　　　　清样审读：司徒尚纪

中国地理百科
CHINA GEOGRAPHY ENCYCLOPEDIA

自然·经济·历史·文化

闽西山地

中国地理百科丛书编委会　编著

李国平　撰

世界图书出版公司

图书在版编目(CIP)数据

闽西山地/《中国地理百科》编委会编著. —广州：世界图书出版广东有限公司，2014.11

（中国地理百科）

ISBN 978-7-5100-8201-6

Ⅰ.①闽⋯　Ⅱ.①中⋯　Ⅲ.①山地—介绍—福建省　Ⅳ.①P942.570.76

中国版本图书馆CIP数据核字（2014）第137916号

闽西山地
MINXI SHANDI

本册主编：俞　莹
本册撰稿：李国平

项目策划：陈　岩
项目负责：陈名港
责任编辑：韩海霞
责任技编：刘上锦
装帧设计：唐　薇

出版发行：世界图书出版广东有限公司（地址：广州市新港西路大江冲25号）
制　　作：广州市文化传播事务所
经　　销：全国新华书店
印　　刷：广州汉鼎印务有限公司
规　　格：787mm×1092mm　1/16　13.75印张　335千字
版　　次：2014年11月第1版
印　　次：2014年11月第1次印刷
书　　号：ISBN 978-7-5100-8201-6/K·0204
定　　价：49.90元

　　"一方水土养一方人"，这是人—地关系的中国式表述。基于这一认知，中国地理百科丛书尝试以地理学为基础，融自然科学与社会科学于一体，对中国广袤无垠的天地之间之人与环境相互作用、和谐共处的历史和现状以全方位视野实现一次全面系统、浅显易懂的表述。学术界在相关学科领域的深厚积累，为实现这种尝试提供了坚实的基础。本丛书力图将这些成果梳理成篇，并以读者所乐见的形式呈现，借以充实地理科普读物品种，实现知识的"常识化"这一目标。

　　为强化本丛书作为科普读物的特性，保持每一地理区域的相对完整和内在联系，本丛书根据中国的山川形胜，划出数百个地理单元（例如"成都平原""河西走廊""南海诸岛""三江平原"等），各地理单元全部拼合衔接，即覆盖中国全境。以这些独立地理单元为单位，将其内容集结成册，即是本丛书的构成主体。除此之外，为了更全面、更立体地展示中国地理的全貌，在上述地理单元分册的基础上，又衍生出另外两种类型的分册：其一以同类型地理事物为集结对象，如《绿洲》《岩溶地貌》《丹霞地貌》等；其二以宏大地理事物为叙述对象，如《长江》《长城》《北纬30度》等。以上三种类型的图书共同构成了本丛书的全部内容，读者可依据自己的兴趣所在以及视野幅宽，自由选读其中部分分册或者丛书全部。

　　本丛书的每一分册，均以某一特定地理单元或地理事物所在的"一方水土"的地质、地貌、气候、资源、多样性物种等，以及在此间展开的人类活动——经济、历史、文化等多元内容为叙述的核心。为方便不同年龄、不同知识背景的读者系统而有效地获取信息，各分册的内容不做严格、细致的分类，而只依词条间的相关程度大致集结，简单分编，使整体内容得以保持有机联系，直观呈现。因此，通常情况下，每分册由4部分内容组成：第一部分为自然地理，涉及地质、地貌、土壤、水文、气候、物种、生态等相关的内容；第二部分为经济地理，容纳与生产力、生产方式和物产等相关的内容；第三部分为历史地理，主要为与人类活动历史相关的内容；第四部分为文化地理，收录民俗、宗教、文娱活动等与区域文化相关的内容。

本丛书不是学术著作，也非传统意义上的工具书，但为了容纳尽量多的知识，本丛书的编纂仍采用了类似工具书的体例，并力图将其打造成为兼具通俗读物之生动有趣与知识词典之简洁准确的科普读本——各分册所涉及的广阔知识面被浓缩为一个个具体的知识点，纷繁的信息被梳理为明晰的词条，并配以大量的视觉元素（照片、示意图、图表等）。这样一来，各分册内容合则为一个相对完整的知识系统，分则为一个个简明、有趣的知识点（词条），这种局部独立、图文交互的体例，可支持不同程度的随机或跳跃式阅读，给予读者最大程度的阅读自由。

总而言之，本丛书希望通过对"一方水土"的有效展示，让读者对自身所栖居的区域地理和人类活动及其相互作用有更全面而深入的了解。读者倘能因此而见微知著，提升对地理科学的兴趣和认知，进而加深对人与环境关系的理解，则更是编者所乐见的。

受限于图书的篇幅与体量，也基于简明、方便阅读等考虑，以下诸项敬请读者留意：

1. 本着求"精"而不求"全"的原则，本丛书以决定性、典型性、特殊性为词条收录标准，以概括分册涉及的知识精华为主旨。

2. 词条（包括民族、风俗等在内）释文秉持"述而不作"的客观态度。

3. 本丛书以国家基础地理信息中心提供的1∶100万矢量地形要素数据（DLG）为基础绘制相关示意图，并依据丛书内容的需要进行标示、标注等处理，或因应实际需要进行缩放使用。相关示意图均不作为权属争议依据。

4. 本丛书所涉省（自治区、直辖市、特别行政区）、市（地区、自治州、盟）、县（区、市、自治县、旗、自治旗）等行政区划的标准名称，均统一标注于各分册的"区域地貌示意图"中。此外，非特殊情况，正文中不再以具体行政区划单位的全称表述（如"北京市朝阳区"，正文中简称为"北京朝阳"）。

5. 历史文献资料中的专有名词及计量单位等，本丛书均直接引用。

这套陆续出版的科普丛书得到不同学科领域的多位专家、学者的悉心指导与大力支持，更多的专家、学者参与到丛书的编、撰、审诸环节中，大量摄影师及绘图工作者承担了丛书图片的拍摄和绘制工作，众多学术单位为丛书提供了资料及数据支持，共同为丛书的顺利出版做出了切实的贡献，在此一并表示感谢！

囿于水平之限，丛书中挂一漏万的情况在所难免，亟待读者的批评与指正，并欢迎读者提供建议、线索或来稿。

中国地理百科丛书编委会

目录

一 自然地理

二 经济地理

三 历史地理

四 文化地理

《闽西山地》
区域地貌示意图

武

长汀县

白沙岭

夷

松

连

毛

梁山顶

岭

山

武平县

上杭县

山

岭

黄

戴

云

玳

山

将军山

瑁

乾山

采

天宫山

黄连盂

漳平市

博

龙岩市
（新罗区）

岩头

苦笋林尖

平

岭

N 北
NNW 北北西   北北东 NNE
NW 北西   北东 NE
NWW 北西西   北东东 NEE
W 西   东 E
SWW 南西西   南东东 SEE
SW 南西   南东 SE
SSW 南南西   南南东 SSE
南 S

地级行政单位
区/县级行政单位
山峰

海拔
(m) 0   3000   6000

闽西山带

闽西山地地处福建的西南部。人们之所以习惯于将这里称为"闽西"，主要源于中原人入闽后所设立的汀州府（现指长汀县）是"八闽"中最靠西的一个。如今古汀州早已不复存在，但"闽西"一词却沿袭下来成为这里的代称。

闽西所指的地理范围为龙岩全境，博平岭、武夷山脉南段分别从东西两侧呈夹攻之势，与北侧闽中大谷地隆起的南缘、南侧南岭山脉的东段组合在一起，硬生生地将闽西给围了起来，整个轮廓几乎就是一个稍向右倾斜的正方形，东西长约192千米、南北宽约182千米，总面积19050平方千米，占福建陆地面积的15.7%。东与福建泉州、漳州两市接壤，西与江西赣州交界，南与广东梅州毗邻，北与福建三明相接。行政区划包括福建龙岩的新罗、漳平、永定、上杭、武平、长汀和连城等7个县（区）市的完整区域。历史上数次的人口大规模南迁，使得汉

闽西山岭骈列，武夷山脉南段、玳瑁山、博平岭等山脉及其支脉在境内连绵起伏；然而这并没有阻挡自中原而来的

族的支系之———客家人成为闽西地区人口构成中的主体，在255万总人口（据2010年第六次全国人口普查主要数据）中，客家人近80%。杂居其间的有畲、回、苗、满、壮等共31个少数民族，其中畲族人口数量最多，占本区少数民族人口的3/4左右。

提起闽西，给人的第一印象就是山多，闽西本地人对黄连盂、冠豸山、梅花山、紫金山、天宫山、卧龙山、东华山、灵洞山都会如数家珍般娓娓道来。的确，总面积19050平方千米的闽西，近95%都被山地、丘陵所占据，其中山地14964平方千米，丘陵3101平方千米，平原只有985平方千米。自西向东依次展开的三列东北—西南走向的大山脉——武夷山脉南段、玳瑁山、博平岭，为闽西山地整体地势呈现出北高南低，并按三大山脉延伸方向由东北向西南略有倾斜的状态奠定了基调。在这三大高山之间，松毛岭、采眉岭等支脉侧向延伸，一系列小盆地和谷地呈串珠状散布在山地、丘陵之间。汀江由北向南纵贯本区西部，九龙江上游干支流自南、北、西三向聚拢于本区东部。虽然平均海拔只有460米，但闽西局部地区之间高差悬殊，处于最高点的玳瑁山脉梅花山主峰狗子脑海拔1811米，而居于境内最低点的永定峰市芦下坝汀江出境口，海拔只有69米。除了起伏较大以外，在山体完整程度上，区内也有显著不同，北部保存完整，南部就略显破碎。其实，早期的

闽西山地

客家人南下的脚步，反而成为他们的通道和安居之所，山间盆地、河谷中的土楼群成为本区一道独特的景观。

汀江曾是本区唯一通往外界的通道，城市依河而生，因河而盛，河岸两边的老房子至今仍格局规整、错落有致，可见当年的繁华。

燕山运动所造就的闽西地形并非如此，当时形成的完整的褶皱和平坦的谷地在后来多次地质作用的影响下，发生扭转、断裂，并穿插出现不同性质的侵入体，使得地质构造更加纷繁复杂。当然，千百年来，外力作用也没有停止过对闽西山地"慢条斯理"的雕琢和修饰，进而奠定了如今地貌类型多变的格局。

闽西山地属温暖湿润的亚热带海洋性季风气候，雨量充沛，但垂直变化、东西分异较为明显。尤其是博平岭，在东南的迎风坡上，降水量随海拔的升高而增加，年平均降水量高达2200毫米，远远超过1640毫米的西北坡降水量，因此成为本区中亚热带气候区别于漳平等地南亚热带气候的地理分界线。区域内海拔较低的河谷和盆地，日平均气温 ≥ 10℃的积温为5300—6400℃，年平均气温18—20℃，随纬度由南向北呈递减趋势，亚热带湿润季风气候特征显著：冬无严寒，夏罕酷暑，昼夜温差大。

湿热的气候加剧了土壤中微生物的分解速度，所以本区内土壤有机质含量不高，但土层深厚，多数超过1米，最厚处可达10米。其中，分布最广泛的是红壤，海拔在900米以下的低山丘陵基本都是红壤覆盖的区域，面积多达78.18%。而在溪河沿岸的低地，由于长期的水耕熟化，多数形成了水稻土。虽然本区土壤有七大类，但除上述的两类之外，黄壤、紫色土、潮土等均是零星分布，面积不大。

水热条件的优越性作为闽西自然地理的突出特征，弥补了土壤贫瘠对区域的影响，使闽西山地生物种群异常发达，成为中国东南沿海地区生物资源最丰富的地区之一。作为科考研究的"动植物资源基因库"，这里不但荟萃了野生植物2540多种，占中国总种数的11%，其中包括桫椤、水杉、伯乐树、格木、杜仲、福建柏、穗花杉、白桂木、青钩栲、天竺桂、沉水樟、厚朴、巴戟、闽楠、台湾苏铁等国家保护的37种珍贵名木，也不乏福建青冈、南方红豆杉等用材林的大面积分布。群峰叠嶂，丛林茂密，为野生动物的繁衍生息提供了天堂般的栖身之地。动物种类最为集中的是玳瑁山区，其次是武夷山脉南段。这里分布的国家一、二级保护动物就达20多种，包括云豹、金钱豹、黄腹角雉、白颈长尾雉、黑麂、苏门羚、中华秋沙鸭、金斑喙凤蝶、黑熊、大灵猫、小灵猫、金猫、穿山甲、猕猴等。遗憾的是，由于森林资源不断被开发利用，早期地方志中所记载的麝、山犬、凫、鷾鷦、鸣鸠以及华南虎等动物，如今已踪迹难觅。

作为一个山地遍布，丘陵相连，仅以一条汀江与外界相连的偏僻山区，古代的闽西地区无疑是十分闭塞的，但这并没有影响人类在此安居——早在两三万年前的旧石器时代晚期，这里就已经开始有了古人类活动的足迹，在长汀河田发现的石犁则证明了新石器时代原始农耕活动的存在。汀江两岸曾为古闽越人的诞生地和繁衍的天地。即便后来战乱横扫中原大地之时，这个地处闽、粤、赣交界处的"金三角"仍被视为一处天然的"世外桃源"，也正因如此，东晋时期"流人"大量涌入，唐末黄巢农民起义时客家先民先后向此徙居，宋高宗时期中原遗民更是纷纷南渡，使得中原文明的种子遍撒于此——保留了大量古中原汉语特色的闽西客家话，上承古代诗经遗风并吸收了当地畲瑶民歌成分的客家山歌，以土楼、屋桥和阴塔为代表的客家建筑便是最为有力的佐证。中原汉人与当地畲瑶土著以及早期入主此地的古闽越人逐渐融合，在崇山峻岭中开山辟田、采矿炼铜，繁衍生息，形成了独具特色的客家民系，于是客家文化、中原文化与土著文明在这里相互叠印，竞放异彩。到了明清时代，受清人南下及客家内部人口膨胀影响而引发的客家人口向川、桂、湘、台和东南亚远播，以及清同治年间广东西路客家人因而向广东南部和海南等地分迁，使得客家文化在更广阔的范围内开始向外传播，作为客家文化发源地的闽西地区也随之广泛地为世人所认知……

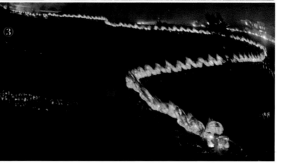

历史上客家先民几经迁徙，流离不定，但本区相对封闭的环境反而使他们停住了脚步，使这里成为客家民系及其文化发展的重要一站。如今这里的客家人，仍旧在先祖修建的土楼中过着聚族而居的安定生活（图①），在节庆时，会合族欢庆：图为连城姑田的游大龙，白天全村人擎着巨龙穿过原野、跨过河川，队伍长达数百米（图②），其盛况只有在晚上才能真正体会到（图③）。

中国地理百科 CHINA 地理百科 GEOGRAPHY ENCYCLOPEDIA 一 自然地理

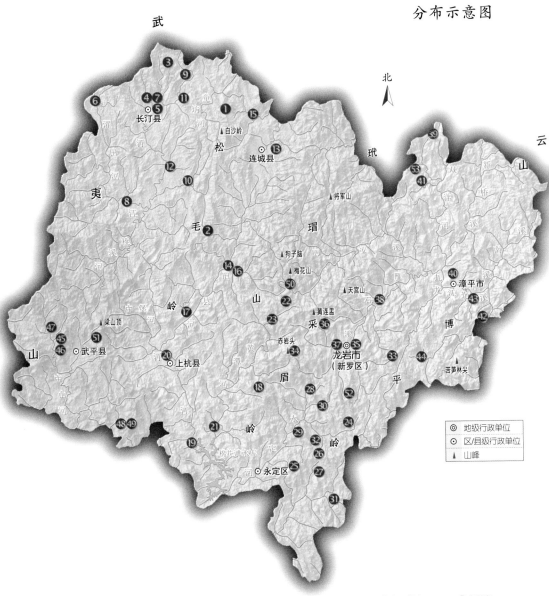

本区主要地理事物
分布示意图

北

图例
◎ 地级行政单位
⊙ 区/县级行政单位
▲ 山峰

① 菇莲嶂	⑪ 竹头岭瀑布	㉑ 黄潭河谷地	㉚ 燕子岩	㊶ 漳平盆地
② 丐岑山	⑫ 河田温泉	㉒ 古田盆地	㉛ 奥杳高山盆地	㊷ 天台山沼泽
③ 天华山金顶	⑬ 冠豸山	㉓ 吊钟岩陌口	㉜ 仙湖洞	㊸ 兰洲坪草甸
④ 北山	⑭ 新泉断陷盆地	㉔ 仙洞山	㉝ 红尖山	㊹ 仙鹤潭瀑布
⑤ 朝斗岩	⑮ 北团盆地	㉕ 金丰大山	㉞ 小溪凸	㊺ 明山泉
⑥ 古城风口	⑯ 新泉汤池	㉖ 东华山	㉟ 天马山	㊻ 石迳岭
⑦ 长汀城关盆地	⑰ 扁山崟	㉗ 白叶湖崟	㊱ 官司岭大绝壁	㊼ 灵洞山
⑧ 濯田小平原	⑱ 茫荡洋	㉘ 四角崟火山口	㊲ 龙岩盆地	㊽ 东留风口
⑨ 龙门	⑲ 南蛇滩	㉙ 凤城一坎市丘陵	㊳ 龙硿洞	㊾ 岩前丘陵
⑩ 石峰寨	⑳ 临城丘陵		㊴ 紫云洞山	㊿ 狮岩
				㊿ 梅花山自然保护区
				㊿ 梁野山自然保护区
				㊿ 龙岩国家森林公园
				㊿ 天台山国家森林公园

三边高，一面低

闽西山地就像一块方形地毯，东北角被人高高拎起，从而导致整体地势呈现出由东北向西南明显倾斜的态势。总体来看，闽西东部的地势最高，主要为玳瑁山北段和博平岭，闽西海拔1000米以上的山峰大多数集中分布在这里，有300余座；其次是北部和西部，以武夷山脉南段及其支脉松毛岭等为主要骨架，建构了平均海拔在400—1000米的中低山和丘陵地势；中部和南部则以丘陵为主，平均海拔不足240米，尤其是永定南部的汀江出境口，以69米的海拔成为闽西海拔最低点。如此三边高、一面低的地势在很大程度上决定了区域内河流的走向，使得汀江和九龙江等大江大河均自北向南沿断陷谷地经年不息地奔腾……

五岭斜贯

受早期燕山运动等大构

虽然闽西的山缺乏统一走向，在严格意义上不成"脉"，但远眺玳瑁山，仍可见山岭逶迤，它与博平、松毛诸山岭共同组成了闽西的地貌框架。

造运动的影响，闽西境内隆起带发育，武夷山脉南段、松毛岭—金鸡岭、玳瑁山、天宫山—岩顶山—茫荡洋、博平岭五大山岭自西向东依次排列，受北东向构造影响，山体皆呈东北—西南走向，且基本平行，形成五岭斜贯的地貌格局。在各山岭之间，分布着一系列宽窄不等的长廊状谷地和断陷沉积盆地。串联这些谷地盆地的，是众多的溪流，如雁石溪、万安溪、文川溪等，它们大都汇入汀江、九龙江和闽江等大河，沿河山体所受流水

切割作用十分显著。

这5座山岭的平均海拔在800—1200米，其中以玳瑁山中段的梅花山为最高，其主峰狗子脑海拔1811米，是闽西最高峰。由于大地构造同属永梅拗陷，在燕山期发生大规模的花岗岩侵入和火山岩喷发，因此，五大山岭的岩石组成主要是花岗岩，其次是火山岩和石英砂岩、石英砾岩。

长廊状谷地

闽西的地貌类型以山地和丘陵为主。在山岭延伸出的许

本区地势北高南低，汀江自北向南纵贯西部，南部汀江出境口为本区海拔最低点。

本区山地多、平地少，山间散布着长廊谷地，造就聚居地呈带状分布的特征。

多支脉之间，陈布着大小不等的椭圆形或马蹄形盆地，它们彼此相连，或沿山间谷地一字排开，或沿河谷错落散布，形成长廊状谷地和分布其中的河谷平原，共4组。具体来说，在博平岭与天宫山—岩顶山—茫荡洋之间，分布着白沙、雁石溪、新罗城关、坎市、湖雷、永定城关等盆地，构成了九龙江上游雁石溪谷地和永定河河谷地；在天宫山—岩顶山—茫荡洋与玳瑁山之间的万安溪谷地和黄潭溪谷地则是由万安、步云、古田、大池、溪口、白砂、太拔和稔田等小盆地相接而成；在玳瑁山与松毛岭—金鸡岭之间，是文川溪谷地和旧县河谷地，谷地较为宽阔，这一组还包含了连城城关、朋口、新泉、旧县和上杭城关等面积较大的盆地；在松毛岭—金鸡岭与武夷山脉南段之间，是汀江谷地，这个谷地相对而言宽度也比较大，其中含新桥、长汀城关、策田、河田、濯田和官庄等盆地。由于受斜贯闽西的五大山岭走向的控制，这些长廊状谷地的展布与山岭的山脊线走向基本一致。

贯穿于长廊状谷地中的河谷平原相对平坦开阔，一般宽度在1000—2500米，地面相对沿河谷两侧略微向内倾斜，呈条带状延伸开来。面积较大的河谷平原主要集中在龙岩盆地、连城盆地和北团盆地的河谷两侧；此外，在长汀、武平、上杭和永定等盆地中，也有一定数量的分布。由于坡积物和洪积物的长期堆积，形成了10—20米不等的堆积厚度，进而孕育了河谷平原肥沃的土壤。这些地区光热充足，降水丰沛，灌溉条件好，能够满足一年两熟的农业发展需要，是闽西水稻稳产高产的集中生产区域。

上，在闽西的地貌类型中占有绝对优势，有名的如长汀卧龙山（海拔464米）、东华山（海拔702米），新罗红炭山（海拔631米）、黄邦山（海拔557.6米）、武平岩前丘陵等。这些低山和高丘集中分布在闽西的西部，即玳瑁山以西地区及武夷山脉南段之中，是构成武夷山脉南段的主体，尤其在长汀南部、武平周边地区和上杭的中南部最为典型。除此以外，在连城、漳平、永定以及新罗中部等地也都有不连续分布。低山与高丘起伏和缓，相对高度一

的呈圆形或不规则圆形的盆地有着诸多不同。闽西的岩溶盆地最显著的特征就是呈长条形，长度可达十几甚至数十千米，而宽度却仅有1000米左右。盆周多为峰林，坡度陡，但盆底却十分平坦。

因为是纵向延伸，所以岩溶盆地的横剖面多半体现出槽形或"U"字形的特点，因此成为重要的集水区域。从岩溶盆地中穿流而过的河流，这一点倒与其他盆地一致：它是由于地表水下渗，在地下溶洞区汇集成河，从岩溶盆地一端

延绵于武平境内的低山丘陵，属武夷山南段，山间的小平原和盆地农业条件较好。

低山·高丘

在闽西地区，尽管平原、谷地、盆地、台地、丘陵和山地等各种地貌类型都有所体现，但事实上，除了丘陵和山地外，其他皆为零散分布。据不完全统计，山地和丘陵两种地貌类型占据了全区面积95%左右，其中海拔400—800米的低山和高丘占全区总面积的60%以

般只有100—200米。受早期岩浆活动和断裂构造的影响，其走向和岩层都十分复杂，并在流水的长期侵蚀、切割作用下，表面形态略显破碎，发育有冲沟和坳谷等微地貌形态。

岩溶盆地

尽管名称中带有"盆地"二字，但岩溶盆地与通常所见

的底部溢出，而到了另一端就又潜入地下，成为"断头河"。闽西岩溶盆地的分布有限，且有相当一部分是被四周的峰林所覆盖，出露的几处主要分散在新罗、长汀和连城等地。虽然在面积上没有什么优势，但岩溶盆地底部深厚而肥沃的土壤却为农业生产提供了必要的物质基础，这对于"八山一水

岩溶盆地与常见盆地　岩溶盆地（如图）指碳酸盐岩地区由于溶蚀作用所形成的大型负向地貌，又称"坡立谷"。它常发育在向斜或背斜褶皱的轴部、断块盆地以及可溶岩的边缘地带，四周石峰环绕，底部平坦或略有起伏，面积较大者常可见一些孤峰残丘和小型洼地散布。它与常见的盆地不同的是后者为圆形，而岩溶盆地呈沿河流展布的狭长形，其延长方向多与构造线一致。此外，岩溶盆地内多有溶蚀漏斗，过境河常渗入地下、成为暗河，而常见的盆地并不具备这些特点。

一分田"的闽西来说，就已经弥足珍贵了。但如果地下水抽取过量，很容易出现地表下沉塌陷，甚至地裂，从而成为闽西地区的地质灾害隐患。

地层发育完整

所谓地层，指的是地质历史上某一时期形成的层状岩石。闽西的地层是中国东南沿海地区发育最完整的，自古老的元古代震旦纪楼子坝群到新生代第四纪地层在这里都有发现，因此，闽西山地历来被誉为最有价值的"地质博物馆"。以区内的明溪—武平拗陷为例，这里的地层从震旦系至下三叠统皆有出露：其基底出露震旦系和下古生界，震旦系为板岩、变质砂岩、千枚岩、磷块岩、黄铁矿薄层，下古生界为变质砂岩、千枚岩，均为复理石建造；拗陷主要由晚古生代—早三叠世地层组成，而且不同时期形成的地层各有不同的岩石构成方式，既有由石英砾岩、砂砾岩和粉砂岩所构成，也有由碳酸盐岩所构成。从沉积环境来看，由震旦纪的海相复理石建造到分布于山间盆地、河流两侧的第四纪陆相冲洪积层，地层表现出从海相沉积到陆相沉积的变迁，以梁野山为代表的花岗岩地貌，以龙崆洞、狮岩为代表的岩溶地貌及以冠豸山为代表的丹霞地貌等见证

了闽西山地的沧海桑田。

所发育的地层如此丰富，是因为在地质史上，这里依次受到加里东、海西、印支、燕山、喜马拉雅等运动的影响，从而造就了形成于不同时期、由不同岩层构成的地层，尤其以早生代以后的沉积岩、变质岩及火成岩地层分布广泛。这些地层呈带状出露，皆南北走向，并分成东、西两线：西线从上杭、武平向长汀一带展布，东线则从新罗向北基本与玳瑁山走向一致延伸至三明。在几亿年的地质演变过程中，这些沉积地层不仅记录了闽西地区不同时期的地质演化，以及本区从海洋到陆地的地理环境变迁，成为地层发育完整的最有力证据，还为闽西山地煤、铁和石灰岩等沉积矿产的富集提供了条件。

南岭构造带东延段

南岭构造带是中国长江以南极具规模的纬向构造带之一，主体部分横卧于湘、赣、桂、粤四省区的边境线上，并向东直插入到福建西南部，东西绵延近2000千米。在地质构造上，本区属于南岭构造带的东延部分，其发育过程可作为南岭构造带在局部地区的集

冠豸山丹霞山体上遍布水平层理和海蚀形成的凹陷，是闽西地层经历海相沉积和陆相沉积的重要证明。

永定高陂的煤矿是南岭构造带给本区的馈赠之一。

中表现。加里东运动为闽西的骨骼支架的形成奠定了基础，而在随后的燕山运动中，穹隆构造和褶皱构造使闽西地形特征进一步明显起来，如今在闽西的地貌格局中仍能发现水平岩层、长轴状侵入体、变质带以及扭曲褶皱等痕迹。在这两次构造运动过程中，闽西地区的地壳出现扭曲、错位，早期形成的红色盆地也因此发生断裂。在这一过程中，大洋花岗岩、正长岩、花岗岩杂岩和辉绿岩等大小不等的火成岩相继侵入，进而发育了大面积的中

元古代至早中生代地层。地质环境的变迁，历来是矿产元素富集的关键因素，闽西山地拥有无烟煤、铁、铜、钒钛等种类丰富且储量巨大的矿产，成为中国东南沿海地区最重要的矿区之一，无疑是南岭构造带东延至此的馈赠。

永梅拗陷带

永梅拗陷带是震旦纪以来长期发展、以次稳定—稳定型沉积建造为主的构造单元。就其范围而言，拗陷带北起福建永安，南抵广东梅州，故称"永梅"。因地处闽西南，也称"闽西南拗陷带"。闽西山地刚好位于这南北长约300千米、东西宽达180千米的拗陷带中间。

永梅拗陷带最早形成于石炭纪，是在中

国海西—印支期（4亿—2.28亿年前）叠加于加里东褶皱上发育起来的四大拗陷带之一。后来，由于地幔物质上涌引起的地表张力作用，使永梅拗陷带两侧出现拗陷下降，而中间抬升隆起，形成明溪—武平拗陷、胡坊—永定隆起和大田—龙岩拗陷3个二级构造单元。受其东北—西南走向的影响，闽西山地多顺此方向延伸。这个拗陷的断裂带也比较发育，有政和—大埔断裂带、龙岩苏邦断裂带、泰宁—龙岩断裂带等。它

梅花山地位于玳瑁山和采眉岭的接合处，是永梅拗陷带（见小图）中地质活动相对活跃的区域。

的基底有震旦纪和早古生代浅变质岩出露，拗陷主要地层由晚古生代至中生代三叠纪岩层组成。

在永梅拗陷带形成的过程中，曾几次发生大规模的海底火山喷发，岩浆活动的异常活跃也为各种金属元素的富集提供了契机，使得闽西成为中国东南最重要的金属矿区之一，尤其以铁、铜、铅锌、金的储量最为丰富。

龙岩山字型构造

与祁吕贺兰山字型构造及淮阳山字型构造等大规模的山字型构造体系相比，龙岩山字型构造的规模较小，但它却是闽西地区，尤其是闽西东南部主要的构造形态。该构造分布在新罗、永定、上杭境内，脊柱位于新罗的龙门、红坊一带，南北向长约35千米、东西向延伸可达75千米，前弧（指山字型构造中指向赤道或向西凸出的挤压性弧形构造带，包括褶皱和冲断层等）东翼部分在适中、经畲等地，前弧西翼在永定、上杭，东西两翼较为对称，且都向南凸出，曲率较大，尤其西南翼表现得更为突出，而东翼因晚期受到新华夏系的破坏，已经不太明显。整

个平面形态如同"山"字，所以称为"山字型构造"。龙岩山字型构造实际上是中央褶皱带受到挤压后水平不均匀扭动而成，属扭动构造系的一种特殊形式，由于这一扭动过程相当漫长，卷入的地层以古生界为主，还包括了部分三叠系和侏罗系。闽西东南地区博平岭、采眉岭与永定河山河相间格局的形成与龙岩山字型构造有着不可分割的联系。

燕山早期侵入岩

福建地处亚欧板块东南部与太平洋板块交界处，岩浆活动异常频繁，其省境约有33%的区域被侵入岩覆盖，几乎涵盖了所有已发现的岩类，且各期侵入岩多沿一定方向呈带状展布，构成复式岩体带。各个时期岩浆侵入活动的强弱不同，而以燕山早期（仅见于中侏罗世和晚侏罗世）为最多，占了侵入岩面积的68%。

闽西地区的侵入岩集中分布在长汀中南部、武平中北部和上杭北部等区域，另外，在新罗周边地区、漳平中部和永定东南部也有较大范围的出露，分布面积为闽西地区总面积的一半以上。跟福建的其他地区一样，闽西的侵入岩也主

要形成于燕山早期。在中侏罗世，岩浆活动规模较小，在闽西主要影响到古田一带，并形成了似斑状花岗岩。到了晚侏罗纪，岩浆活动趋于活跃，且具有多次脉动的特点，主要有4次侵入活动：第一次，受政和—大埔断裂带的控制，在才溪形成片麻状黑云母二长花岗岩，呈基岩及岩珠产出；第二次也是受政和—大埔断裂带影响，主要形成石英闪长岩、闪长岩和花岗闪长岩，分布于连城、新罗、永定、上杭等地；第三次侵入规模最大，影响了本区的所有地区，生成为黑云母花岗岩，由于受多组构造的控制，岩体形态多样，并且蚀变及变质作用显著；第四次产生细粒花岗岩，规模较小，多见于漳平的洛阳、封侯。

上杭—云霄断裂带

上杭—云霄断裂带受闽东火山断坳带和永梅拗陷带共同影响发育而成，是在加里东和海西—印支期构造带的基础上，叠加了燕山运动大规模的断陷和拗陷而形成的深大断裂带，前者为闽西的地貌格局奠定基础，而后者对于断裂带地貌特征的形成起到决定性作用。

博平岭呈东北—西南向展布于闽西东部，绵延150多千米，峰峦起伏，是龙岩山字型构造的重要组成部分，也是闽

西与闽南的地理分界线。

断裂带呈北西—南东向自闽西境内的上杭向东南延伸，过永定后，抵漳州的云霄、诏安、东山一带，基本沿闽粤交界线展开，全长200多千米。断裂带内，多断陷盆地、火山喷发盆地以及燕山期侵入体，这主要缘于燕山晚期这一带处于拉张构造环境。断裂北侧山体坡度较大，南侧相对平缓，许多河流亦随断裂带走向呈北西向直线状发育，由于南北坡度的差异，流水作用的强度亦有所不同，坡度较陡的北侧冲沟、崩塌现象普遍存在。

燕山期的拉张构造一方面塑造了特征明显的地貌，另一方面，受控于此的地壳运动则导致了岩浆活动的频繁发生，后者既是火山地貌及侵入岩发育的关键，也为矿物元素的富集提供条件，铜、金、钠、锶、钡、镁等多种高值元素极为丰富，并形成规模宏大的铜（金）矿床，上杭紫金山金铜矿区即位于上杭—云霄断裂带内。

楼子坝群

楼子坝群是闽西地区目前已知最古老的岩层，命名剖面位于长汀四都楼子坝村。这个岩层呈现出明显的条带状展布特征：由长汀楼子坝向东南，经过武平的桃溪、上杭的茶地，止于永定的合溪、仙狮一带。楼子坝群以超过6137米的总厚度创下了闽西岩层厚度之最。

从沉积相来看，楼子坝群表现为浅海相沉积，以发育古生代至中生代侏罗纪沉积地层而显著区别于闽西其他地区。其表现为层状展现的岩石系列，分为上、中、下3个层段，但各层段在物质组成上又不完全相同，具体表现为：上段以硅质含量大为特征，由变质细砂岩、粉砂岩与千枚岩组成，顶部有磷分布；中段普遍含钙，以变质粉砂岩、千枚岩、板岩为主，是三段中最厚的部分；下段的特征、岩石的组成情况基本与上段相同。如果按地层单位划分，楼子坝群属震旦系，岩石均为深度变质，因此有不同程度的混合岩化迹象。

武夷山脉南段

即习称的南武夷山，在闽西经长汀、过武平、穿越闽赣交界的石城鸡公嵊（"嵊"在客家话里为"顶"的意思），延续从东北向西南方向的伸展，达粤、赣二省交界处的分水凹。深受南岭纬向构造的影响，具体表现为汀江干流以西

梁野山是武夷山脉南段分支之一，山体岩石以花岗岩为主，石蛋地貌明显。

出现许多东西向的岭、谷。山体主要由前震旦纪变质岩和燕山期花岗岩组成。在闽西，松毛岭和梁野山是武夷山脉南段最大的两个分支，深入到上杭和连城等地。与武夷山脉北段1200米的平均高度相比，南段地势要低得多，平均海拔降到了600—700米。但这里仍然不乏海拔千米以上的中山，数量达50多座，武平境内梁野山的最高峰梁山顶海拔已经接近1600米。中山成为最占优势的地貌，其外围被低山和丘陵所占据。气候上，该段属于典型的中亚热带气候类型，降水丰沛，热量充足，常绿阔叶林和山地针叶林密布成片，动植物种类极其丰富，40多种国家一、二级保护动物在此安家落户。同时，地貌类型的多样性，使得此地气候的垂直地带性和水平地域差异明显。

天宫山长列

这是以天宫山为主峰的一

系列高大山体形成的山群，属于玳瑁山脉的支脉。

作为斜贯闽西大地的五岭之一，主体位于新罗、上杭和永定交界处的天宫山长列，包括了闽西众多高大的山峰：天宫山（也称"天公山"）、黄连盂、尖峰山、赤岩头和茫荡洋等一系列参差起伏的山体，自东北向西南逐一排列，其中黄连盂以海拔1807米的高度在天宫山长列的山峰群中"独领风骚"。从山体岩层构成的角度来看，天宫山长列的形成主要是受控于早期构造运动中岩浆侵入的影响，所以花岗岩及变质花岗岩地貌比较典型，深谷飞瀑，巨石垒崖，成为这里极为常见的地质景观。由于山体连绵且平均海拔在1000米以上，它还是东南水汽深入闽西内部的巨大屏障。

松毛岭

该山因山间覆盖着厚厚的松针和层层的茅草，因而被称为"松毛岭"。它的北界为北团溪所限，从长汀、连城交界的牛牯口自北向南一直延伸到上杭境内的紫金山，南北绵延约80千米、宽30千米、平均海拔955米。汀江干流以东，文川溪一旧县河以西山岭，皆是松毛岭的西坡延伸而成。

松毛岭山体走向和岩石组成都不同于武夷山脉南段，相对独立，主要由古生代变质岩、沉积岩和花岗岩组成。在三县交界处大致以上杭南阳为界，按地势松毛岭可被分成南北两段：北段以海西期花岗岩为主，山势高峻、山体排列紧凑、中山叠嶂起伏，成为长汀与连城的自然分界线，绵延的山体中只有白叶杨岭和刘坑口

两处通道，是连城、新罗进入长汀和闽西连接赣南的必经之路，历来都是兵家必争的咽喉要冲，红军长征前夕的松毛岭战役，就发生于此。此段最高为主峰石壁山（位于连城罗坊与长汀交界处），海拔1459米；南段以低山丘陵为主，由印支期花岗岩组成，山体松散，地表土质松软，为黄沙土。

松毛岭有盆地和山间谷地零星镶嵌其中，海拔最高点为观音口，有1236.8米。从东、西两坡看，在长汀境内的西坡较之东坡更为陡峻。由于西坡地处东南季风的背风地带，降水明显低于东坡及闽西其他地区。冬季，冷空气通过武夷山在古城等地的隘口南下，在这里被截留而不再向闽西的腹地伸入，常形成低温霜冻，对农业危害较大。

天宫山山脉山体浑厚，绵延成列，因此又被称为"天宫山长列"。

采眉岭上云雾缭绕，温凉湿润，山脚有肥沃的烟田。

采眉岭

就地理位置而言，呈东北—西南走向的采眉岭，介于黄潭河—万安溪连线和雁石溪—永定河连线之间，从行政角度而言，这一区域属永定、新罗与上杭的交界地。采眉岭向北一直延伸到新罗江山与上杭步云之间，南部则抵达闽粤边界，成为上杭、永定两地的交界山岭，是闽西重要的地理分界线。平均海拔900米的采眉岭山体高峻、群峰起伏，主峰岩顶山海拔1807米，仅次于梅花山主峰狗子脑，为闽西山地第二高峰。319国道、厦蓉高速公路横穿采眉岭而过，以公路的龙门—郭车段为界，将采眉岭分为南北两段，北段山体较为密实，高大完整，而南段则相对松散破碎。

采眉岭山间水系发达，众多溪河源于此处并分别汇入汀江和九龙江，龙岩八景之一"龙川晓月"中的龙川河，即发源于采眉岭。崇山峻岭之间，山间谷地和盆地星罗棋布，成为闽西主要的农业区。

博平岭西侧

作为闽西五岭中位置最东的一列，呈东北—西南向延伸的博平岭长逾150千米、宽度40—80千米不等，不仅是闽西与闽南的地理分界线，也是南亚热带气候与中亚热带气候的分界线。博平岭东西两侧在气候与地形上都存在诸多差异。由于向西北推进的夏季风所携带的暖湿水汽受到山地背风地带下沉气流影响，产生焚风效应，使得西坡1200—1400毫米的降水量远远低于东坡1670毫米的平均值，与闽西全区2200毫米的平均降水量相比更是相差甚远。

与东侧层状缓坡相比，占据了永定和新罗两地东部和漳平东南部地区的西侧坡度极陡，悬空的断崖触目皆是，分布有烧火山针、仙洞山、金丰大山、红尖山和朝天岭等一系列峰岭。博平岭西侧的整体地势略有东北向西南倾斜之势，平均海拔600—800米，以中山、低山和丘陵为主，因

博平岭西侧山崖陡峭，流水切蚀作用明显，植被以低矮灌丛为主。

盛产苦竹而闻名的苦笋林尖以海拔1666米的高度成为众山之首。另一方面由于受流水的侵蚀作用比较明显，博平岭西则地表显得支离破碎。

汀江干流

因流经长汀而得名的汀江，被客家人奉为"母亲河"，是闽西地区最主要的河流。与中国境内滚滚东去的诸条江河不同，它的流向是一直向南的，因此当地人自豪地宣称："天下水皆东，唯汀江独南也。"

汀江发源于武夷山脉南段东侧的宁化治平境内木马山北坡，自长汀庵杰大屋背村的"龙门"流出后，始称"汀江"，由北向南穿越长汀、上杭和永定后流入韩江，在福建境内干流长285千米。汀江的上游河短流急，塑造了新桥及城关两个盆地；长汀与上杭之间的中游段，由于布满岩性疏松的大悲山千枚岩、赤石群砂砾岩，经河水侵蚀后形成的河谷较为宽广，曲流过处容易形成河漫滩；上杭至石下坝的下游段，地处闽中大山带南段，多坚硬的花岗岩，河谷深切，水流急，险滩多，素有"三百滩头浪恶"之说，有竹笃滩、龙钩滩、跨滩、棉花滩、鸡母滩

红色砂砾岩 指在中生代侏罗纪至新生代古、新近纪沉积形成的红色岩系。华南地区常见的红色砂砾岩主要是红砾岩与红砂砾岩，含大于3毫米的石粒和石砾约60%，由铁质、钙质和黏粒胶结形成土石堆积层，十分松散，其分布区一般坡度较缓。本区汀江中游段河岸、新罗铜钵盆地、连城冠豸山等地均有分布。该类岩石潜在水土流失危害程度很高，是华南最易受侵蚀的岩类之一，汀江干流中游河谷较为宽广，其原因也与此类岩石的这一特性有关。

汀江下游流经花岗岩分布区，河谷深切，河道曲折。

等，落差皆有4—5米。因为水深流急，基本上难以在航运上发挥作用，但濯田河、桃澜溪、旧县河、黄潭河、永定河和金丰溪等众多支流的汇集，使得干流水量巨大，年均径流量为182立方米/秒，再加上落差悬殊，使得汀江蕴藏着丰富的水能资源，沿河已经建成棉花滩等一系列大大小小的水电站。

九龙江北溪上游

作为九龙江的干流，北溪实际上是指漳平西元进庄村的盐场洲以下至龙海榜山境内的福河以上河段，全长大约274千米。该河有两源：发源于新罗小池的雁石溪和发源于连城曲溪境内的万安溪。两溪在新罗苏坂合溪村汇合，向下又纳入双洋河和新桥溪后，始称九龙江北溪，流经苏坂和漳平的西园、桂林、菁城、芦芝后出境。受山谷地形的影响，九龙

江北溪两岸发育成格状排列的众多支流，在闽西境内有小池溪、小溪、丰城溪、双洋河、新桥溪、溪南河等。

在闽西，从正源雁石溪（一说正源为万安溪）源头至漳平芦芝小杞村出境处的河段，为九龙江北溪的上游。九龙江北溪上游的整体地形表现为河谷盆地与峡谷相间，重要的盆地有龙岩盆地、漳平盆地。因为流水侵蚀，上游河谷岩层出露，岩石品种多样，包括砂岩、页岩、石灰岩、花岗岩、流纹岩等。

红壤

在闽西地区众多的丘陵和中、低山地带，杉林、竹林资源丰富，并且盛产红柿、蜜柚等，成为闽西"靠山吃山"经济形式的重要支柱，这与其广泛分布的红壤有莫大关系。

统计显示，闽西的土壤有

7个十类，其中红壤就有13465平方千米，分布于闽西各地，占了全区土壤面积的78.18%。根据其成土过程的不同，又可细分为红壤、粗骨性红壤、黄红壤、暗红壤、水化红壤以及红土等6个亚类，土色为浅红色或棕红色，不同亚类之间的土色稍有差异。其中红壤亚类以77%的比例，占了绝对优势，下面又可分为8个土属，以酸性岩风化物红壤、砂质岩风化物红壤、泥质岩风化物红壤为主。这些红壤多数分布在海拔950米以下的地方，丘陵地带是其分布的主要区域，其次是低山地带，中山地带只有少量分布，土层厚度一般都在1米以上，有些地方可达10余米。

闽西地区的红壤由花岗岩、片麻岩、泥质岩、砂岩、板岩等经长期风化而来。由于地处亚热带，气候炎热、降水丰富且降雨相对集中，土壤中的许多化合物都被雨水冲走，而且长期以来受到植物的富集、吸收，表现为铁、铝氧化物富集，而碱金属以及碱土金属缺乏，土壤呈酸性，土质较为黏重，往往需要通过施用石灰和磷肥并防止雨水冲刷等手段来提高肥力，以保证作物的生长。

河床宽阔的九龙江北溪上游新罗段。

持续性强降水往往会在本区的山区造成洪涝灾害。

梅雨型洪涝

梅雨型洪涝又称"霉雨型洪涝",是闽西地区洪涝灾害中最主要的类型。与台风型洪涝相比,其影响范围更大,持续时间更长,一般发生在五六月梅雨盛行的季节。这一时期,北方南下的冷空气与太平洋暖湿气流相遇,当二者强度势均力敌时,便形成江南准静止锋,在这一带停滞徘徊,尤其是在后者水汽较多的情况下,会带来连续性降水,最长时间可持续1个月左右。闽西地区地形起伏较大,洪流可在短时间内汇集,河水的猛涨急落超过了河道的调蓄能力,泛出河床就会酿成洪涝灾害。

据资料显示,在过去的半个世纪,闽西较大规模的梅雨型洪涝共发生150余次,淹

没的农田累计2660多平方千米,造成严重的经济损失和人员伤亡。1964年的五六月间,连续3次大范围、高强度的降水,形成50年一遇的大灾,造成100多平方千米农田受淹、3476间房屋倒塌,闽西农业因此重创在几年之后才逐渐恢复。

寒害频发

寒害是闽西地区常见的一种气象灾害,主要成因是气温的异常偏低,往往使作物生长受到不同程度的影响。闽西寒害根据发生的时间不同,主要表现为倒春寒、五月寒(夏寒)、秋寒和隆冬寒4类。

倒春寒发生时(3月前后)正是闽西水稻育秧季节,若气温连续3天以上低于12℃,会使幼苗冻伤,严重时甚至出现烂秧现象,造成秋后减产。五月寒和秋寒分别出现在早稻孕穗阶段(5月)和晚稻扬花阶段(10月),如果气温连续3天以上气温低于20℃,植物细胞活性就会减弱,不仅减缓作物生长速度,还会引起水稻的空秕率升高。秋寒在闽西发生概率高,对农业影响也最大。发生于一二月份的隆冬寒所影响的范围则要小得多,只是对果树第二年的孕花育果有一定影响。虽然从理论上闽西农作物可一年三熟,但实际上冬季作物种类少、数量少,所以隆冬寒是相对影响较小的寒害。

除五月寒是受台风和梅雨等特殊天气影响外,其他均是北方冷空气快速南下造成的,尤其是武夷山脉南

本区雹灾分布示意图。雹灾常发生于倒春寒期间,是闽西寒害的一个具体表现。

北

⊙长汀县
　　　⊙连城县

　　　　　　　■ 雹灾分布地

　　　　　　　漳平市
　　　　　　　⊙

⊙武平县　⊙上杭县　　⊙龙岩市
　　　　　　　　　　　（新罗区）

　　　　　　⊙永定区

段在闽西西部有多处垭口，为冷空气进入闽西大开方便之门。因此，相对于东部而言，闽西地区发生倒春寒、秋寒和隆冬寒的年份会更多一些。

岩溶塌陷频繁

闽西地区的岩溶塌陷，基本都是覆盖型岩溶塌陷。大规模降水、集中采矿和过度抽取地下水等因素都会导致岩层不稳定，使隐伏在地下的岩溶洞穴上方岩层和土体整体下沉而出现塌陷。

闽西岩溶地貌主要分布在山间盆地之中，尤其是新罗、长汀和武平等地最为集中。其中，龙岩盆地是面积最大的一处覆盖型岩溶区，其上覆盖的土层不厚，松散的土层使地下水与岩石直接联系，很容易受到侵蚀形成溶洞。自然条件的突变或不合理的人类活动，就会引起地表塌陷，出现地裂和地面下沉。闽西岩溶塌陷一般规模都比较小，外观呈圆形或椭圆形，面积从几平方米到几十平方米不等，深度最大在五六米。自20世纪70年代以来，岩溶塌陷在闽西地区已经发生过20多次，多达30余处，成为频发的地质灾害之一。

闽西中高丘陵区的崩岗侵蚀现象。

崩岗侵蚀严重

在中国南方地区，因花岗岩遭受强烈破坏而形成的重力侵蚀——崩岗十分常见，是一种对生态环境危害极大的水土流失类型。闽西地区的崩岗侵蚀主要发生在低山丘陵等地形起伏比较大的地区。这些地区山体表层岩石在流水搬运和重力的综合作用下，不断风化开裂、剥落而形成坡地，坡地越来越陡峭，最后在重力作用下就会发生大面积的崩塌和侵蚀现象。崩岗发生后，可能会因大量下泄的泥沙淤塞河道、水库，毁坏桥梁，甚至压埋大量农田，毁坏土地资源，进而加剧生态环境的恶化。此外，崩岗沟内的泥沙常常与山洪汇合形成高含沙水流四处冲撞，危及人们的生命和财产安全。

由于崩岗侵蚀区山体支离破碎，陡壁耸峙，崩塌堆积物遍布，闽西百姓形象地称之为"烂山"。虽然说崩岗侵蚀

主要是水和土本身不协调的表现，但近年来所出现的多处崩岗，却与人类毁林开荒、破坏植被的行为有十分密切的联系。

白沙岭

因山体的花岗岩中含有丰富的石英成分，从远处看就像白沙铺满山顶，所以才被人们称为"白沙岭"，也有"白砂岭"一说。雄踞于长汀与连城交界童坊石沧村境内的白沙岭，以海拔1459米的高度成为长汀境内第一高峰。它是早期岩浆活动和火山喷发留下的杰作，组成白沙岭的岩石主

长汀属武夷山脉南段，境内支脉自北而南纵横交错向腹地延伸，全境

要是花岗岩，除此外还有火山岩、石英砂岩和石英砾岩，多出露于山体。作为松毛岭北段主要山峰之一的白沙岭，峰头突兀，但并不是孤峰独立，而是与周围群山比肩接踵，连绵起伏，一同构成了连城与长汀之间的一道屏障，地势极为险要。

菇莲嶂

日落之时，朝西远眺，在暗红色晚霞的映衬之下，顶宽底窄的菇莲嶂看似草丛中安然直立的蘑菇，又如塘中静若处子的莲花，故而得名"菇莲嶂"。地处松毛岭山脉北段的

菇莲嶂，东、西两侧分别为长汀和连城地域，以1387米的海拔耸立于群峰之中，与北面的鹅公崇和西北的白沙岭矗立遥望。

菇莲嶂这种顶部稍宽、底部较窄的山体在别处并不多见，这跟它的岩层组成有关。其顶部含有岩性较软的砂岩，受流水、风化等外力侵蚀而残留成盖状，岭下的花岗岩却因为岩性相对坚硬而被外力塑造成似杆如茎的形态。

丏答山

丏答山位于长汀、连城、上杭三县交界处，属松毛岭南

段。在以低山丘陵为优势地貌的松毛岭南段，海拔1175米的丏答山虽然在高度上并不出众，但其坡陡谷深的地貌却让它显得与众不同。就地质构造而言，丏答山主要为华夏系和新华夏系，以燕山早期碎裂的二长花岗岩、赤石群等构成的复杂岩石为主，山体比较松散，在流水的强烈切割作用下多形成峡谷。山中林木茂密，是较好的水源涵养地，长汀的第二大河——南山河就发源于丏答山北侧。种类繁多的动植物在丏答山安静地繁衍生息。

天华山金顶

即天华山，是武夷山脉南段为数不多的海拔超过1200米的山峰之一，位于长汀铁长西北部的闽赣交界处。传说古代汀州曾发生过一次罕见的大水灾，当时山顶突现佛光，一片金色，洪水便即刻退去，所以直到现在，当地百姓还一直称之为"天华山金顶"。虽然就1267.2米的海拔而言，天华山金顶并没有过人之处，但它与鸡公崇、大悲山、吊子脑和梁石山等构成一道巨大的天然屏障，这对于长汀来说，有效地削减冬季西北冷空气长驱

东、西、北部高，以中低山为主，中、南部低，多盆地、阶地。图中的白沙岭为长汀东部与连城交界的数座界山之一，也是长汀最高峰。

左图：桃源岽气候暖湿，植被茂盛。中图：北山虽为丘陵，但自平地中凸起，在长汀城中十分显眼。右图：朝斗岩

南下的势头，使长汀成为最适合动植物繁衍生息的乐园。所以，在这片峰崇水潨、草茂林密的武夷山脉腹地之中，飞禽走兽游走如织，有珙桐、银杏、南方红豆杉、云豹、大灵猫等国家一、二级保护的珍稀野生动植物50多种，这里简直是一块宝地。

桃源岽

"桃源岽"的名称或许是与陶渊明的《桃花源记》有关——古汀州环境封闭，气候宜人，成为中原汉人南逃的落脚之地，而这世外桃源般的居所就坐落在桃源岽脚下。实际上，桃源岽是长汀与江西瑞金之间武夷山脉南段的一段高脊，位于火星岽（武平与江西会昌之间）和站岭隘（宁化与江西石城之间）中间，西为江西，东为福建。桃源岽中间的

垭口是闽赣之间最便捷也是唯一的通道。古代由江西逃亡到福建的百姓大多都是通过桃源岽才进入长汀的。

武夷山脉南段在大地构造上属于永梅拗陷带，构造变动强烈，尤其是燕山运动期间发生多次大规模的断裂，断层的陷落和抬升使得陡崖遍布，桃源岽特殊的地质地貌也就是在这一时期奠定的基本骨架。桃源岽一侧为陡峭的石壁，一侧是数米高的深谷，最窄处只有0.7—1米宽，山路崎岖难行。虽然不及"蜀道之难"，但桃源岽易守难攻之势十分明显，其险要地势让人闻之胆寒。正因为如此，桃源岽也成为古代兵家必争之地。

北山

位于长汀城中的北山，古名为"无境山"，因地处城北

而得名，但随着城市扩张，如今已成城中山。499米的海拔，在长汀的众峰之中也只能算是"矮个子"，更别说是在闽西的范围之内，但北山山顶却是时常云雾弥漫，这一点多少有些让人意外。北山的奇特之处还不仅仅在于此，其山体由4座山峰与其延伸开来的一系列高低不等的小山岭组成，据说这些山岭共有9支，形如卧龙俯地、匍江（汀江）饮水，所以又被称为"九龙山"和"卧龙山"。北山山体呈东西走向，东部山高而陡峭，而西部则海拔降低，且山体变宽，山势平缓。山上林木茂密，以松树、枫树、榆树、木荷为主体，织成长汀城中一片巨大的绿地。

长汀的地层以晚古生代的沉积岩和变质岩为主，但也不乏海西期、印支期、燕山期的

山形平缓，汀江从山脚蜿蜒而过。

侵入岩及小范围火成岩的分布，北山正是燕山期局部岩浆剧烈活动的印迹。正是基于这一地质成因，形成北山"四面平田，一山突起，不与群峰相属"的景象，这与闽西均是峰丛相连的大氛围相比，也显得有些另类。

朝斗岩

在长汀东郊延绵向南的南屏山，是由一组如青翠屏障般排列的峰崖构成。其中，有一块形状如雄狮静卧的巨石坐落于半山腰的群峰之中，岩石突兀地立于陡崖之上，前后临绝，悬在空中，这里就是朝斗岩。相传宋代隐士雅川在这里的霹雳岩炼丹，丹成之后在此辟洞建庵，日与烟霞做伴，静坐而朝北斗，并以"朝斗"两字刻石，得名"朝斗烟霞"，为古汀州八景之一。因巨石朝斗岩名声在外，后来当地人把它所处的这整座山体都称为"朝斗岩"，而忽略了石和山的本名。站在朝斗岩上，可俯瞰长汀城。

朝斗岩不仅整体山形别致，散布的石头也各有姿态，状如塔、桌、凳、如来佛等，这些天然景致与驭风亭、水云庵等浑然一体。另外，朝斗岩奇洞罗列，虽然规模都不是很大，却如地下迷宫般洞洞相通。洞内暗流淙淙，遇到丰水之年，便从地底涌出地面，与发源于朝斗岩上的清泉汇集成流，山上的水云寺大殿旁的盥手泉就是从地底涌出，常年水量充盈。这些溪流在朝斗岩背后的另外三处巨石之上轰然跌下，形成密集的瀑布群。

古城风口

由于武夷山脉整体呈现出北高南低的地势特征，使得武夷山脉南段以低山丘陵为优势地貌，尤其是蜿蜒延伸于长汀、连城、上杭和武平境内的支脉——松毛岭和梁野山等地，对于来自西北的南下冷空气来说是一道障碍，无法翻越山脉的气流只能沿着山脉的走向急行。

在长汀西侧的山脉中，发育有多处由断层陷落或河水侵蚀而形成的较大垭口，尤其是古城附近这一处更为典型。此处，海拔骤降至600米左右，成为冷空气长驱南下的突破口，风力异常强劲，直抵长汀境内。受其影响，古城及其附近区域成为闽西冬季气温最低的地区。这处作为冷风通道的垭口因此被形象地称为"古城风口"，又叫"古城隘口"，是福建六大隘口之一。另外，闽西大的"风口"还有一处——武

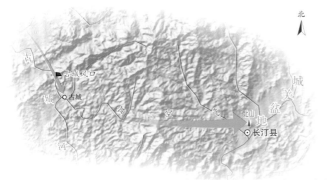

北

古城西侧的山体较为低矮，加上古城河横切山地而过，河谷为南下的冷空气找寻到突破的决口。但冷空气在进入城关盆地时因已连遭周边山体削弱，故对长汀县城的影响并不大。

平"东留风口"，同样成为制约闽西冬季气温的重要因素。

长汀城关盆地

为闽西山区较大的盆地之一，其范围大体包括了长汀城关和大同两地的大部分地区。其前身是一处石灰岩地层断裂拗陷带，在第四纪发生堆积作用，形成草坪阶地，地势高出河床5—10米，并演化成如今这个南北长约16千米、东西仅4000米的狭长状山间盆地。盆地四周群山环抱，盆底海拔305—310米，平坦且少有起伏，无数条山间溪水汇至盆地中心，江江从中流过，河流所带来的泥沙与地质时期的堆积物叠加，使得土层深厚疏松，质地细腻，透水透气性能较好，有机物和矿物养分十分丰富，成为长汀境内最主要的农业生产区和人口聚集区之一。

濯田小平原

位于武夷山脉南段中一处山间盆地中部的濯田小平原，也称濯田盆地，实际上是在汀江和其支流濯田河下游的交汇处形成的沉积地貌，东西长约12千米、南北宽约2000米，地势西高东低。虽然面积不是很大，但平原内地势相对平坦，土壤有机质含量高，沉积层相对于附近其他地区来说，也更为深厚。流经平原中部的濯田河将平原一分为二，划成面积

几乎相等的东、西两片区域。平原平均海拔270米左右，热量相对充足，再加上得天独厚的水土优势，成为长汀最主要的粮食生产区之一。只是由于西部武夷山脉中垭口的存在，平原偶尔会遭受冬季冷空气的侵袭，使当地温度会有所下降，并对农业发展产生一定程度的制约作用。

龙门

长汀庵杰涵前村帽盒山脚下的汀江龙门属岩溶地貌。山岩下部被流水洞穿，而上部却保持完整，这一特征与山西河津龙门、河南洛阳龙门山体被流水"劈开"形成的"龙门"显著不同。被洞穿的水道状如山门，而汀江像蛟龙一样穿过，古称"龙门峡"。

龙门主要是由于古代地壳

濯田小平原面积不大，但相对优渥的水土条件使其粮食生产业比较发达。

龙门沿水流方向逐渐收窄，是石灰岩长
年被流水侵蚀并最终贯穿而形成的

长汀城关盆地由断裂拗陷发育而来，四周山峦围绕，中部地势平坦，唯北山平地兀起，汀江自东北向西南过境，盆地沿河呈狭长状。

变动导致石灰岩层断裂，江水历经几万年冲刷而形成。龙门底部长期遭受流水的侵蚀，两壁逐年后退，发育成穹形的石灰岩溶洞，即"龙门洞"，亦称"涵前溶洞"。洞口比较低，勉强可以通过一人；洞内却别有风光：空间宽阔，钟乳石、石笋等岩溶地貌发育。洞长约15米、宽约8米，洪水所达高度在洞壁上留下的痕迹清晰可辨。洞顶岩壁上镌有"龙门"两字，原建有"龙神庙"。古人称赞："天生一个龙门洞，千里汀江一线穿。"

石峰寨

这是一处以奇石林立、峭峰遍布而闻名的石山，当地人习惯将其称为"石峰寨"。在它的山腹内，由于岩溶地貌发育，溶洞成群。其又称官坊溶洞群——因位于长汀南山官坊村而得名。

石峰寨以石灰岩和砂岩为主体，山地隆升和流水的长期侵蚀使之多有节理发育。

石峰寨由易受水流侵蚀的石灰岩和砂岩组成。远古时代这里曾发生过地壳变动，导致整座石峰上多处岩石向外隆起，并产生空隙，形成许多张性裂痕，再加上长期的流水侵蚀，才得以形成今天的地质奇观。这里岩溶地貌的最大特色是峰内有洞，洞内有峰。每一座石峰下皆有洞，而且大洞套小洞，洞洞有通道相连，洞口错落分布于石峰间。洞内，岩溶地貌发育，有石峰、石柱等，形成了"天河瀑布""金龟守池""虬龙潜壁""定海神针""石人参""倒挂芙蓉"等象形景观。在众多溶洞构成的近1000米长的地下长廊之中，最大的则要数高3米有余、宽50多米的定光洞，其顶似穹窿，石壁陡立，壁面上

布满千万条纵列的突起和细腻的沟纹。明代地理学家徐霞客曾驻足石峰寨，并慨叹"官坊洞乃天下奇观也"。

石壁岭山顶天池

位于长汀童坊境内的石壁岭，海拔1349米，在鹅公峰和菇莲嶂等山岭的环绕下，草木繁盛，俊秀挺拔。相传八仙之一的铁拐李游玩至此时，看到农田久旱成灾，于是挥手一指，画出一口面积2000多平方米的水塘，这就是被人们称为"仙人塘"的石壁岭山顶天池。这里虽名为"天池"，但水并不深，最深处也不过1米左右，边缘水深尚不及膝盖。这一池碧水，池底水草清晰可数，而且池水终年清凉、甘甜爽口。

令人称奇的是，无论周围地

区是否旱涝，池水从来不会干涸，也不会有水溢出，因此被当地人视为圣地。

事实上，天池之所以能终年保持池水充盈，与这里的地质条件不无关系。这片地区碎骨岩类孔隙裂隙水相对富集，天池水即是以泉水形式排出的地表水汇成。由于含水层受岩层和地质构造控制，水源稳定，受气候变化影响小，所以天池才会旱不干、涝不溢。

竹头岭瀑布

长汀新桥石人村境内的竹头岭瀑布，在当地通常被人们称作"叠水"——在平常水量不大的时候，河水像下台阶一样从高而低逐级缓流，形成叠水。

竹头岭瀑布的源头是一处出露在山体裂隙中的泉眼，由于山体主要由火成岩构成，较为坚硬，所以在山泉下泻之处并没有形成强烈的侵蚀，泉水也只是逐级下落，而不是像其他山泉侵蚀山体后形成明显的落差而"飞流直下"。正因为如此，竹头岭瀑布的落差一般只有两三米，最大处也只有20米左右，水质清澈，长年不断，如一条白色的玉带在两侧群山翠柏之间。

河田温泉成为当地居民的生活用水。

河田温泉

在长汀的河田，宗祠一条街、河田鸡和温泉被并称为"河田三宝"，这里的"温泉"指的就是河田温泉。它位于集镇的一条小溪边。泉水清澈见底，还有成群小鱼在水中嬉戏，卵石和洁净的沙子下边不停地往外冒泡。

分布于燕山早期地质构造的岩浆侵入地带的河田温泉，底部基岩为燕山早期黑云母花岗岩，属华夏系构造与桃溪旋卷构造复合区，泉水内富含硫化氢、氟及多种化合物和微量元素。它的出露面积总共可达3000多平方米，分为多处小泉池，最大一处约1600平方米。在温泉的源头——集镇柳村，泉水从中粗粒似斑状花岗岩和细粒似斑状花岗岩中涌出，宛如在炉火上烧开的沸水，热气蒸腾，水温甚至可高达70—80℃——将一个生鸡蛋丢进去，几分钟就熟了，因此又被当地人称为"柳村泡泉"或"烧水塘"。此外，附近居民还常用河田温泉水来清洗宰杀的家畜、烫洗衣物等。

童坊河

发源于长汀童坊黄坊村的童坊河属闽江水系中沙溪河的支流。出源后向北流经长坝和童坊镇境附近的隘口，在石背进入连城境内，改称"北团溪"，汇入沙溪河。童坊河在长汀境内全长43千米，河道弯曲异常，水质清澈。由于山多林密，在30多平方千米的集水面积内，共有大大小小近70条支流汇入，长度在5000米以上的就有9条之多，短于5000米的支流58条。由于径流量稳定，加之地势起伏，河道坡降7.41‰，重力作用明显，所以童坊河的水力资源相当丰富。

古城河

古城河的发源地在长汀古城镇境内的牛皮礤。它是一条贯穿福建长汀与江西瑞金之间的河流，为赣江支流贡水的上游，从源头向西北流，由闽赣边界的隘岭进入江西。

长汀河流众多，分别属于汀江水系（如左图中沿岸山多林密、河水清澈的童坊河）、闽江水系（如右图中因支流众多而水

虽然古城河在长汀境内的长度不到22千米，但汇入其中的大小支流竟然有49条之多，长于5000米的支流有5条，总流域面积将近129平方千米。古城河干流流经地区地势起伏不大，水力资源不甚丰富，却是古城及瑞金主要的农业灌溉水源。

濯田河

源自长汀古城元口村的濯田河，没有像古城河那样西入赣境，而是如汀江一般选择南下，经四都坪埔后急拐东流入濯田，在水口村坪岭汇入汀江，全长63千米，成为汀江右岸第一条流域面积超过800平方千米的一级支流。不仅流域面积大，濯田河的水量也极为丰富，这得益于沿岸汇入的

近160条大小不等的一、二级支流，较大者有红山河和四都河等。

以双溪口为界，濯田河流域可分为两部分：从源头自北向南流所形成的区域，地处武夷山支脉延伸部分，以坡度较大的山地为主，最高海拔1075米，因此河流落差大，如四都河从谢坊至双溪口，河长仅24千米，落差却达94米；从双溪口自西向东流所形成的区域，则是丘陵与平原相结合的地带，地势明显降低，濯田平原的海拔在270米以下，是主要的耕地和居民聚集区。濯田河沿岸植被茂密，以马尾松林为主，也有竹林、人造松木林、油茶林、柑橘林等。因为属于河短流急的山区性河流，汛期洪水易暴涨暴落。

狗子脑

狗子脑以1811米的海拔高度成为梅花山的主峰，也因此夺得"闽西第一高峰"的称号。其坐落于连城南部莒溪罗地村境内，是在背斜构造的基础上发生断裂而形成的花岗岩断块山，岩性坚硬，垂直节理发育。山顶呈浑圆状，有大面积裸露的基岩，其受到风化剥蚀、流水侵蚀等外营力作用，岩石沿节理出现重力崩裂及球状风化，发育有典型的"一片瓦"和石蛋地貌景观。在接近狗子脑高顶的一处开阔草甸上，至今仍布满无数大小不一的黑云母花岗岩，在多年的风吹雨淋下，形态浑圆，有的形如脑壳，灰白色岩体上石痕纹路交错迂回，再加上有些石头上还丛生些小灌木丛，颇似

量颇大的濯田河）、赣江水系（如古城河）。

狗的脑袋，被当地人视为"狗脑石"。"狗子脑"的得名大概就源于这些形象的石头。另有当地百姓传说这是玄幻的石门阵法，每一块石头都对应着三十六天罡和七十二地煞，因此旧称"石门山"大抵也与此有关。

狗子脑周围峰群海拔都在千米以上，皆属玳瑁山。尽管每一座山峰都高插入云，但因山间谷地海拔也都在几百米以上，因此山与谷的相对高差并不大。狗子脑群峰山坡陡峭，峡谷深邃，地形条件复杂，气候温和湿润，年均气温在17℃左右，年降水量1750—2000毫米，且垂直变化显著，优越的自然环境孕育着多层次、多类型的动植物资源。伯乐树等阔叶乔木以及长苞铁杉、南方红

豆杉、三尖杉等针叶树种相互混交，形成稳定的动植物生态系统，已发现红面猴、苏门羚、灵猫、豪猪、穿山甲等多种国家一、二级保护的珍稀野生动物。良好的植被使狗子脑群峰成为重要的水源涵养地，这里是三江之源——众多溪流分别汇入闽江、九龙江和汀江，因此有"一山生三水"之美誉。

"水流三州顶"

"水流三州顶"是对连城曲溪将军山作为闽江、九龙江和汀江的共同发源地的形象描述，"三州"则分别指福州、漳州和潮州。受早期地质构造和后来流水切割作用的共同影响，以将军山（海拔1665米）为中心，形成"三水分流"的放射状水系。该水系发源于将

军山的一个天然小水池，池面海拔1310米，直径不到3米，水深只有半米左右。池水从3处豁口溢出，分别注入闽江、九龙江和汀江：北流经姑田出永安后注入闽江至福州；南流过莒溪注入九龙江直抵漳州；西流经文亨进朋口注入汀江到达潮州。这三条大河最终都注入大海。

登上将军山山顶，可鸟瞰三水分流，实为自然奇观。而将军山所在的主脉——梅花山之所以被誉为"八闽母祖山"，也与其作为三大河流的共源地有关，有学者甚至认为这里是研究福建水系演变的"绝妙之地"。

闽江、汀江、九龙江水系皆发源于将军山，形成放射状水系格局。

鸦鹊岽

位于连城赖源黄泥坪顶的鸦鹊岽，又称"鸦鹊口"，海拔1683米，是玳瑁山脉诸峰中相对较高的一座。从这里分出的支脉，向南延伸经海拔1753米

连城地处武夷山脉南侧东段，地势东、东南部较高，渐次向中西部倾斜，中部偏西则是自北向南呈串珠状分布的谷地、盆地。全境以低山和丘陵为主（两者共占全县总面积50%），中山次之。境内主要山岭分为东部玳瑁山脉和西

部武夷山南麓支脉。顶部浑圆平缓、裸露的花岗岩形如脑壳的狗子脑（如图），即位于县境南部，属玳瑁山脉，为全境最高峰。山顶的草地是当地的优良牧场。

鸦鹊崇出露的火山岩。

的南山顶、海拔1660米的廖天山，构成万安溪以北诸山岭。鸦鹊崇山体主要是由晚侏罗世的中酸性火山岩构成，有多处出露于地表，形成了大面积的裸岩。出露的裸岩不断受到风化侵蚀等外力作用的影响发生剥落，所以山坡之上，破碎的岩体零星散落，圆形突兀的岩块在灌丛和草甸中或隐或现，随处可见。九龙江的支流——水口溪发源于鸦鹊崇的南坡。

冠豸山

冠豸山位于连城县城东郊，其名称是源于主峰远观貌似古代的獬豸冠，还是源于山腰一块刻有"冠豸"大字的巨石，后人已很难考证，但冠豸山峰丛林立，山峻石奇，远望如莲花展翅，别称"莲花山"倒是名副其实。

冠豸山是中国丹霞地貌的重要分布区之一，其所处的位置正是武夷山脉南段东南麓和玳瑁山脉西北侧的交会地，山体南抵莒溪，北触迪坑，总体地势东高西低，东、中部为低山丘陵，最高峰云霄岩海拔685米，西部则与连城盆地相接。这一区域地质条件比较复杂，沉积地层历经古生代至中生代的时间跨度，完成由海相到陆相的演变过程，甚至仍保存有西太平洋大陆边缘活动带形成、发展和演化过程的地质烙印。形成冠豸山丹霞地貌的就是中晚白垩世水平构造的红色陆相沉积地层，在温和湿润的南亚热带季风气候作用下，经过流水侵蚀和风化剥离的长期作用，造就了垂直节理发育的陡崖和孤峰等独特的丹霞景观。在总面积23平方千米的范

冠豸山一带沉积了巨厚的红色岩层，在流水侵蚀和崩塌作用的影响下，形成了

围内，石墙、石堡、峰墙、峰林、嶂谷、隙谷、峡谷、赤壁等触目皆是，属于石墙（峰墙）—峡谷型地貌组合类型的壮年早期单斜式丹霞地貌的典型代表。

冠豸山生物群系与其地质演变同样复杂。一方面，它所处位置偏南，避开了第四纪冰川的直接影响，保留了部分子遗种；另一方面，复杂的地貌形态、湿润的气候类型以及红壤、紫色土、黄壤等多种土壤，为新物种的诞生提供了可能性，这里保存了大量珍稀濒危野生动植物，还有丹霞草本植物群落、丹霞刺柏针叶林、丹霞硬叶常绿阔叶林、沟谷常绿阔叶林等多种丹霞区的特色植被。

石燕岩

连城盆地及周边地区的低山丘陵是闽西重要的石灰岩分布区，岩溶地貌发育，以赖源境内最为典型，发育有孤峰、岩溶峰丛、赖源溶洞群以及多种洞穴次生化学沉积等。其中以石燕岩、仙云洞、幽琴洞三洞最有名。石燕岩为一兀立在岩溶盆地上孤立的圆锥状石灰岩山峰，峰体低矮，相对高度不足百米，位于赖源上村境内，传说曾经有一群燕

石峰林立、石墙展布的丹霞奇观。

冠豸山天池　坐落在连城竹安寨海拔541.6米的孤峰顶端,水面面积约200平方米,池分两潭,形如两弯新月。冠豸山天池最为奇特之处,是其并无地表径流相连,但无论降雨多少,池水都不旱不溢,水质清澈。天池所处位置较高,地下水难以有足够的压力进行补给,故其成因至今未明。天池所在的区域,发育有丹霞地貌,有"十里画廊"之称。

子飞到洞中躲避暴雨,但暴雨如注,一直持续数十日才停。再看飞燕早已经变成化石,再也飞不出来,"石燕"也便成了洞名。

石燕岩溶洞是赖源众多岩溶洞穴中最有特点的一个。洞口不大,但进入洞内却是宽敞的穹窿状大厅,长约35米、宽25米、高16米左右。顶高壁直,洞顶有一处椭圆形的天窗,正午时阳光可以从天窗中照入,这一穹窿状溶洞与圆顶立壁的蒙古包形状颇为相似。洞内石笋林立,钟乳石倒悬,岩壁上流水侵蚀的痕迹如帏幔上的丝纹般纵横交错,与或悬垂或耸立的石笋、钟乳石等沉积物,组合成一幅幅精美的天然壁画,或如虎啸龙吟,或似鹤唳鹰翔,均栩栩如生。越往里走,越显狭窄,而且岔洞横生,或深或浅,或堵或通。

新泉断陷盆地

武夷山南段在地质概念上属于永梅拗陷带(又称海西—印支期构造带)。这一地区经历了数次规模不等的地质运动过程,尤其是燕山运动时期,花岗岩侵入和火山岩喷发成为当时的"主角",并在此基础上发育了大大小小的断裂带。伴随着断层面大幅度的升降,下降区形成一系列的断陷盆地,位于连城南部的新泉断陷盆地就是其中最典型的一个。

新泉断陷盆地气候温润,土壤深厚肥沃宜耕,使之成为连城客家人的主要聚居点之一。

尽管典型,但新泉断陷盆地并不是位居这一大断裂带的中央,而是在蒋屋—庙前这个海西—印支期构造带的二级断裂带中。盆地大致呈东北—西南走向,从中生代开始,新泉断陷盆地内部就开始出现陆相沉积,在特殊的气候条件下,形成红色岩层,厚度达几百米以上,但一直没有完全硬结,所以极易受到流水的侵蚀作用。新泉金石寨、白仙岩丹霞地貌的形成与此相关。

北团盆地

位于连城西北部的北团盆地是在岩溶地貌区地层下陷后沉积而形成的,底部积存了10—20米厚度不等的松散堆积物,为肥沃土壤的发育提供了物质基础。盆地地势坦荡,两侧微向中间倾斜,并沿北团溪呈狭长状展布。盆地内面积超

北团盆地（地跨连城和清流两地的北团——灵地盆地的组成部分）地貌示意图

过5平方千米的带状河谷平原，地处典型的亚热带季风气候区，每年长达近300天的无霜期、1800—2200毫米的年降水量，平坦的地势、深厚肥沃的土壤以及在盆地中蜿蜒穿行的北团溪，皆为此地农业的发展提供了有利条件，从而使北团盆地成为连城最主要的粮食作物生产基地之一。但岩溶地貌广布的地质环境，却使这里遍布开口型半填充溶洞，遇上大雨溶蚀加剧，地下溶洞扩大使地表支撑力降低，或遇地下水抽取过度，都会导致地面下沉甚至塌陷。

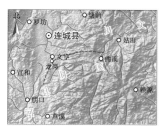

古闽江龙岗段河道变更示意图。受地质构造运动影响，曾流经龙岗、汇入古汀江的古闽江龙岗段（图中虚线处）如今已消逝无踪。

连城龙岗古河道

连城文亨的龙岗村距离"水流三州顶"的曲溪黄胜村仅10余千米，是闽江上游支流文川溪与汀江上游支流旧县河的分水界。在今天的闽西，龙岗并不见得有什么特别，但它却是闽江、汀江两大水系历史变迁的唯一见证——古闽江汇入古汀江的遗址。闽西地区北高南低的大地构造，必然会导致源于闽西北的闽江顺着闽中大谷地向南汇入汀江。但因深受喜马拉雅运动和燕山运动影响，活跃的地质构造运动并没有使这样的格局一直保持下来，闽西与闽中交界地带陆续抬升，连城东部地势隆起抬高，迫使原属汀江水系的建溪、富屯溪和沙溪等各支流转道东流，加上闽江中下游的溯源侵蚀袭夺，终于使它们变成闽江上游诸水——龙岗昔日万溪归流的辉煌也便随之消逝。龙岗一带出露的砾石层，就是当时汀江上游古河道水流侵蚀后留下的砾石，这里因而成为现今研究福建水系演变史的首选之地。

神剑峡

地处连城宣和城溪村境内的神剑峡，是松毛岭腹境的众多河谷之一，但它却又不同凡响，自古便是古汀州府对外联系的主要通道之一，有两条汀连古驿道穿其中。相传峡谷顶部插有一柄古剑，遇到乌云便摇动不止，却始终没有人能够拔得出来，"神剑峡"因而得名。事实上，所谓的"神剑"是峡谷上一处陡峭的尖峰，是风化作用和流水侵蚀而遗留下的孤峰。

神剑峡丛林茂密，水汽充盈。

神剑峡为梅花山十八峒之一，丹霞地貌发育。在断崖林立的神剑峡谷内，充盈的溪水交汇成10多挂数米高的瀑布，自上而下交叠错落，形成密集的瀑布群。瀑水凌空飞落，击落轰鸣的声音，甚至在几里之外都清晰可闻。峡内动植物资源极其丰富：南方红豆杉、水杉、香樟、楠木等相互混交，构成茂密的原始丛林；穿山甲、山獐、飞狸等各类动物在这里奔走穿行。

金鸡岭峡谷

在突兀耸立的莲花峰与猴山两峰夹峙之下，这里经历了近万年的流水侵蚀和地层下陷的过程，形成深邃曲折、沿南北方向展布的大峡谷——金鸡岭峡谷。它位于连城东南大约12千米的金鸡岭中，峡谷内崎岖险峻，碎石遍布，山顶则是沉积厚度较大的花岗岩风化物——每年雨季，这种类似黄沙土的松散沉积物就会随着洪流倾泻而下，冲进谷底。尽管一直都是流水侵蚀作用在唱"独角戏"，但奇怪的是两侧地形却迥然不同，峡谷的西坡近乎陡直，平均达到65—70°的坡角；相对而言，峡谷东坡就缓和了许多，河流阶地略显宽广。大面积的洪积物和坡积物积累造就了肥沃的土壤，东坡良田连片。

以前，金鸡岭峡谷一直是"通行禁区"。直到20世纪30年代修筑的连城至永安的公路彻底地改变了这一状况，公路沿着稍缓的东坡坡底穿峡而过。

旧县河连城段

旧县河是汀江中游的一条主要支流，干流全长112千米，发源于连城曲溪黄胜村，自源头顺着地势自北向南流，在朋口境内与宣和溪汇合后，右岸再有莒溪、庙前溪等较大支流汇入，过新泉出连城进入上杭。旧县河在连城境内的部分称为"朋口溪"，是连城西部最重要的河流，在境内全长约49千米，流域面积达1374平方千米。受流水深切作用显著，

连城境内河道分属闽江、汀江、九龙江三大流域。如下图所示，旧县河流经朋口、新泉的一段又被称为"朋口溪"（属汀江水系），其河面开阔，较为平缓（上图）。

河床剖面呈现明显的"V"字形形态，坡度较大，为年轻河床。

旧县河连城段径流量在季节变化和年际变化方面都具有不稳定性，洪涝灾害多发，而下游是人口密集的地区，早年常遭受洪涝袭击。

蒲竹溪

蒲竹溪，源于有"水流三州顶"之称的将军山顶天池，是九龙江源流之一——万安溪的上游。溪水自源地流向正南，在莒溪大罐境内折向东

玉蚌宫　位于九龙湖畔，临水而立，远观如一个栩栩如生的巨型蚌壳。其形成于约1亿—6500万年前，属冠豸山丹霞地貌的一部分，以红色砂砾岩为主体。玉蚌石隆起于地表后，发生裂隙与节理扩张，岩体崩塌成垂直面，再加上此后漫长的风化作用以及流水（九龙湖水）的精雕细琢，最终形成石面条纹横陈似蚌壳、底部开合有序如石榴裙的景观。因民间传说这里是玉蚌姑娘居住的地方，故得名"玉蚌宫"。

港汊弯曲如水上迷宫的九龙湖。

南，横穿玳瑁山北段，进入新罗境内。蒲竹溪沿途吸纳大小数十条溪流之后注入万安水库，过了万安水库之后始称"万安溪"。

蒲竹溪长约50千米，流域面积达286平方千米，是连城东部重要的河流。蒲竹溪流域内多为低山丘陵，像驻仙峡一样的悬崖陡壁、低谷深沟触目皆是，在此基础上发育形成无数处跌水。在冯地村尾岩和对面石灰炉岩壁之间所夹成的一道40余米宽、600多米长的深涧中，就有一处落差高达240米的瀑布分3段飞流直下，所溅起的水雾长年笼罩在茂密的竹林之上。

九龙湖

群山环湖而立，碧水绕山而行，幽深湛蓝的湖水，与赤色群峰、丛丛绿林交相辉映，这就是位于连城境内冠豸山脚下的九龙湖景观。其中注入九龙湖的最大支流——东山溪，沿途接纳另外8条较大的溪流，这9条状若游龙的深山溪流积水成潭，"九龙"便成了潭的名字——"九龙潭"。

直至20世纪末，这里还时常发生洪涝之灾。2000年在九龙潭原有的基础之上扩建成了现在的九龙湖。九龙湖左起云霄岩，右连竹安寨，近11平方千米的湖区汇集了周边大小几十条溪流，湖水充盈，最深处可达30余米。与一般呈圆形或椭圆形的湖泊有所不同，九龙湖呈现出珊瑚状的极不规则的轮廓，湖岸线弯曲破碎，港汊众多，仅九龙峡这一处最长之地纵深即可达20多千米。

新泉汤池

因位于朋口—新泉断裂带和赖坊—庙前断裂带的交会处，地下的岩浆活动较为活跃、水源较为充沛的连城新泉就形成了丰富的地热资源。当地人传唱"新泉三件宝，溪鱼豆腐温泉澡"中的温泉，即新泉温泉，位居姑田丰头、文亨汤头等所谓"连城八大温泉"

之首。新泉汤池的泉脉跨新泉大溪、小溪至笏山旁边，泉源丰富，溢出量大。泉眼位于大溪和小溪的汊口处，泉水从中细粒黑云母花岗岩与凝灰质砾岩接触带的构造破碎带中涌出，平均水温47—66℃，流量20升/秒，水面终年氤氲。这处属中温温泉的泉水水性偏弱酸，富含氟化物成分，适合温泉浴。

双髻山

在不足10平方千米的弹丸之地内，两峰倚天并立，高耸入云。无论从哪一个角度来看，其独特的形状都有点像是古代女人头上高高绾起的发髻，被周围怪峰林立的群山环抱其中，这就是位于上杭白砂溪口与新罗大池交界地的双髻山，为玳瑁山脉东侧支脉——

南岗山脉的主体山峰。双髻山海拔1441米，与海拔1138米的紫金山东西对峙，从县境边缘夹峙着上杭县城。

双髻山是闽西山地早期火山喷发所形成的产物，因火山岩受流水强烈侵蚀，山体挺拔矗立，又名文笔峰。峰间怪石遍布，陡崖林立，"桃源洞""仙人岩""仙人井"等点缀其中，山顶有一处面积不大的"天池"，池水终年丰盈清澈。但双髻山的别致之处却不在岩、洞，而在植被——垂直地带性差异的突兀，在海拔1200米及以下，较低山谷地带生长着颇具规模的竹林，而在坡地上，森林茂密，有长苞铁杉、伯乐树等名贵林木；但1200米高度线以上则情况大不相同，山顶是连片的高山草甸，周边是零星的灌丛和浓密

的茅草、芒花等构成的草本植物群落。

扁山崬

初见扁山崬，很多人会惊讶地发现，它并不像想象中一般呈窄窄的扁平状，却是一座满山青葱的敦厚之山。山峰之上，常年云雾袅袅，云海日出煞为壮观。山下，旧县河绕山而过，青山绿水交映生辉。扁山崬属玳瑁山南段，因位于上杭旧县扁山村而得名，海拔1279.5米，是闽西名山之一。扁山下还有一汪新泉流入与新坊溪交汇的旧县河，在旧县全坊村形成宽阔的滩涂。

矗立于永梅拗陷带上的扁山崬，自古、新近纪以来，由于地块发生差异性运动而得以抬升成山。尽管生长于红壤上的植被茂密，但由于扁山崬山

双髻山是上杭最高峰，受当地气候影响，其宛若发髻的两峰常在云雾中时隐时现。

体有一定坡度, 如遇大雨, 容易发生灾害性山洪。1983年的山洪, 就使山下扁山村内宽仅12米的小溪变成宽54米的乱石滩, 当地房屋、农田损毁惨重。

茫荡洋

东北—西南走向的玳瑁山脉自新罗与连城的边界地直插入闽西山地, 一直将支脉伸展至上杭太拔与永定高坡和堂堡交界处, 永定的著名大山茫荡洋即位于这连绵不断的群山之中。茫荡洋四周绵延近百里, 巍峨奇峻, 主峰海拔1447.2米, 一年四季都是云雾浓重, 白茫茫一片, 这一特点倒是与其名称有异曲同工之妙。茫荡洋因为山峰太多, 峰回路转, 即使当地人进山也常常会迷路, 因而又有"懵懂洋"之称。

进入茫荡洋, 随着海拔位置的变化会有三种截然不同的景致呈现, 茫荡洋因此分为"三洋", 即三洋、二洋和头洋(一说为湖洋、草洋、竹子洋)。三洋为进入茫荡洋的入口, 丛林密布, 湿气浓重, 淙淙溪流穿行在低山和丘陵之中; 二洋地形相对平坦宽阔, 有十几平方千米, 少有高大林木, 而以

茫荡洋峰顶四周高、中部平坦, 为山巅盆地。

草甸、灌丛为主; 头洋即为山顶, 分布有高山沼泽, 香蒲、石龙芮等沼生和湿生植物繁生, 其中遍布的倒生竹为一大奇观, 倒生竹竹叶细密且竹须倒垂, 与一般竹子伸展向上的情况迥然不同。古人就曾以"穴留古忏峰森立, 地著神灵竹倒生"的诗句赞叹茫荡洋的奇特之处。因生态系统完好, 除常见的植物苦竹、观音竹、桃金娘、断肠草、素心兰、紫薇等, 茫荡洋还有云豹、山鹿、野猪、蟒蛇、黄麂、雉鸡、娃娃鱼等国家保护动物, 生物资源极其丰富。

上福溪

上福溪属于九龙江水系, 位于上杭东北部地区。作为九龙江北溪的源头之一, 上福溪源自狗子脑群峰中的油婆记山南坡, 经古田北部的大吴地和步云两地分别接纳了鸡

公石的山坑水和马头山小水、垒岩头山南麓的古炉溪, 转而经大岭下, 又汇集源自黄连盂北麓的上磜、大湖里和流经五公村及金屏的小溪水后继续东流, 穿过新罗西部的一隅后再次由官福板进入上杭县境; 此后复入新罗, 在上车村和下车村附近又接纳了麻林溪, 最终归入九龙江北溪的上游支流万安溪。上福溪在上杭长约18千米、流域面积为82平方千米, 有几十条山间溪水汇入, 两岸奇石林立, 流水清澈, 游鱼可见。

大沽滩

汀江水经过新峰滩进入上杭中都古基村境内时, 发生近90°的大转弯, 江面也突然由原来几百米的宽度急剧减少为仅二三十米, 平缓的江水顿成激流, 涌进狭窄的河道, 卷起几米高的巨浪, 这便是汀江

十八险滩之中最危险之处——大沽滩。

确切地说，大沽滩实际上是一段将近500米长的河段，河岸质地以坚硬的花岗岩为主，受到流水的深切作用，两岸陡立，河床底部乱石成堆、暗礁重重，在这短短几百米距离内，落差达到2.5米之多，水流湍急，波涛汹涌。"纸船铁艄公"是对大沽滩险境最真实的写照，在汹涌险恶的急流中，船舶"轻薄"如纸，稍不留意，船体触礁必然粉身碎骨，但高明的艄公能只凭借手中的一根竹篙在礁石间即点即叩，精确地转动船舵，在险滩急流中，穿梭而过。

南蛇滩

看似平静的江面上时而会有暗流涌动，且深水处有一巨石，远远观之，酷似南蛇盘踞，张口瞪眼，怒目而视。这里就是汀江下游在上杭下都豪康村西北方的一处险地——"汀江十八滩"之一的南蛇滩。

南蛇滩所在的江段位于南蛇岭山麓，汀江在这里明显收窄，江岸两壁陡立，水流湍急。河床底部有多道波状起伏的"水坎"，且遍布奇形怪状的暗礁险石，航运条件险恶。据古书记载，南蛇滩还时常有怪异现象出现：天高云淡、风平水静之际，转眼间便会乌云来袭，狂风大作，波涛汹涌。片刻之后，巨浪却又在瞬间消失，狂风骤停，江面恢复平静。当地的百姓将其形象地称为"南蛇相会"或"南蛇作浪"。据说"南蛇相会"10年中必有一两次。

在南蛇滩上游约300米处有一渡口名为南蛇渡，在20世纪70年代公路开通以前，南蛇渡一直是上汀州、下潮州的必经之路，南蛇渡口设有圩市，一度是下都的经济中心。在南蛇渡没有通桥以前，往来于闽、赣、粤等地的生意人和当地赴圩的群众在南蛇渡搭船过江时，若发生"南蛇相会"，常会导致船翻人亡。清代举人薛耕春的《南蛇渡歌有序》诗中就有描述："青天无云浪忽翻，滩波逆上狂风助。"

临城丘陵

在总体地势由东北向西南倾斜的上杭境内，群山绵延，丘陵起伏跌宕。汀江干流贯穿全境，与东岸的支流旧县河、黄潭河构成纵横交错的水系。旧县河、黄潭河切割中低山、低山为主的境域后形成谷岭相间的地貌格局，山间小盆地散落其中；汀江干流西岸则有所不同，丘陵和低山是这里的优势地貌，丘陵占全县丘陵总面积的85.2%。在以临城为核心的70余平方千米范围内，连绵起伏的都是海拔470—570米的中高丘陵地，几乎见不到完整的山脊和条形的山间谷地。周围也仅有美女峰、三层岭等几座相连的低矮山峰，属于武夷山脉南段延伸出来的分支。

汀江西岸支流濑溪等多条溪水自西向东横穿过临城丘陵

由于棉花滩水库的修建，南蛇滩不再是险滩，已成为网箱养殖区。

上杭境内的主要河流有汀江、旧县河、黄潭河等，其中绝大多数属汀江水系。河流沿岸，谷地错落。其中黄潭河谷地（如图）如带状铺展，黄潭河穿越其间，滋养大片田畴沃野。

所布下的"迷阵"，在沿途留下无数小型的冲积平原，而这零星分布的肥沃土地便成为上杭主要的农业种植区。

黄潭河谷地

在上杭东南部，玳瑁山南段和博平岭两列东北—西南走向的山脉一左一右分布两侧，黄潭河静卧其中，流经兰溪、稔田等乡镇时，其两岸南北延伸出近30千米的带状开阔之地，即为黄潭河谷地。谷地两侧中低山和丘陵起伏，并顺势向内倾斜，至谷地底部则已坦荡。两侧众多潺潺溪流呈羽状并相对对称地沿缓坡汇入黄潭河，沿途留下深厚的冲（洪）积物，形成的河漫滩上到处可见肥沃的土壤。

从气候方面看，这里是典型的亚热带季风气候区——丰沛的降水和充足的热量，加上谷地特殊的地理位置，使得冬季西北冷空气受到几列纵向山脉的阻挡，基本影响不到这里，黄潭河谷地因此成为闽西热量最充足的地区之一，无霜期长达238－338天。当闽西其他山区已经进入满目萧瑟的隆冬季节，这里仍然可以见到一派田园景色。

古田盆地

上杭以山地丘陵为主的地貌大势被汀江及其支流旧县河、黄潭河和濑溪等纵横交错的溪河切割，留下众多大小不一的河谷盆地和山间盆地。这些盆地自然条件优越，农业发达，是客家人的主要聚集区之一。

古田盆地以古田为中心，面积不是很大，东、北、西三面分别被采眉岭、走马岭和乌石岭呈半包围之势揽在其中，只在南面留有一个很小的开口。四周群山逶迤、山峰高耸，尤其是东侧靠采眉岭一侧的边缘，更为陡峻，这样的地形无疑是盆地之福：冬季冷空气少有进入，而夏季的湿润季风却可以不受任何阻碍在此驻足，形成冬无严寒、夏无酷暑的气候。盆地中间较为平坦，深厚的堆积物造就了肥沃的土壤，上福溪、黄潭河和旧县河支流庙前溪都从古田盆地经过，为农业灌溉提供了便利。

黄屋背

采眉岭山脉南端上杭稔田境内有一处深陷的隘口，即黄屋背。这种被称作"隘口"的地方，实际是山脉中相对较低、形态类似于"马鞍"的地区，但与"马鞍"两侧比较和缓的情况不同，隘口两侧多半是陡立的峭壁。黄屋背的形成主要受控于地质构造中的断层运动，断层发生后中间部分下沉成为地堑，与两侧地垒形成鲜明的高低对比。

黄屋背是近乎东西走向的一处隘口，原本与山脉几乎并行的黄潭河在这里折向东南穿隘口而过，并形成狭长的谷地，黄屋背就位于谷地底部。虽然称作"背"，但黄屋背绝非什么险要之地，平均海拔只有140米左右，这在80%以上境域皆被山地和丘陵占据的闽西山地来说，确实不值得一提，但正是这一组数字创下了上杭之最——境内的海拔最低点，同时也成为黄潭河穿越上杭境内流向东南的唯一出口。

吊钟岩隘口

在玳瑁山脉南段的上杭古田境内，有一处较大的隘口。因隘口之上有一块形如倒挂的大钟的巨石，被称为"吊钟岩"，隘口遂被称作吊钟岩隘口。

吊钟岩隘口与其他隘口的自然特征并没有什么两样，但就交通层面来说，却是龙岩至江西瑞金间的交通要塞。这处崎岖深邃、野兽出没的烟瘴之地在20世纪末之前一度让人慨叹有蜀道之险。2005年赣龙铁路开通，铁路架在高79米、长510多米的转体铁路拱桥吊钟岩特大桥上。而桥下则是水流湍急的南水河谷，河谷侧是319国道，铁路、公路车流不息，险道变成通途。

古石岩

在上杭境内的松毛岭西坡、旧县河下游南岸巍立着一处由火山岩组成的怪石群，有的如盔帽倒扣，有的似田鸡蹲伏，有的如巴掌擎天，有的似伞把撑地，形象逼真。其中还有一块长约1米、宽近0.7米的方形平台，犹如旧时读书时所用石桌，旁边还立着两条凳子高的石墩，被人们形象地称为

上杭风动石　风动石被喻为天工造物，其奇妙之处在于重量平衡极佳，大风吹来时，尽管石体左右晃动，却仍危而不坠，故称"风动石"。一般认为这是花岗岩岩石经风化作用被分体，岩石底部受流水侵蚀冲击、棱角经风化剥落后日渐形成球状，日久大长后终于成为风动石。上杭的风动石位于庐丰摩陀寨山，重数万斤，形如拳头，独立于山顶上，着地面积仅占这块巨石的1/6。

"读书岩"。这些石块相互叠砌在一起而实际上并不接合，但自古至今始终安然无恙。这一处怪石群就是位于临城古石村与石砌村之间的古石岩，两村都是因岩得名。

青莲洞是古石岩上仅有的一处洞穴，据说是梅花山十八洞中最末的一个。青莲洞外有一块方形巨石，巨石中空，旁边有一个三角形入口，入口宽度和高度均只有半米左右，外窄内宽，外部最小处仅能容1人爬行通过，但是通到巨石下方时，则可以容纳四五人同时停留，再往里有能供10余人休息的厅堂。青莲洞的形状酷似旧时的打铁炉，就连风箱和铁砧的轮廓都依稀可见。在古石岩的乱石中，有山泉从缝隙中汩汩溢出，积成养莲池、玩月池等多处水潭。

赤面石

赭红色的岩石表面上，一条条纹路或明或暗，纵横交织，远远看去像是一张人脸的形状，眉眼清晰可辨，这就是位于上杭西潭溪口处的赤面石。细观之下，它又像一位喝醉酒的老翁，面红耳赤，一派醉态，所以又称"醉翁石"。

令人称奇的是，赤面石从

赤面石属于丹霞地貌，其"脸"上的表情，其实是风化造成的节理。

上而下仿佛被人硬生生地分成两截，上半部分为"赤面"，而下半部分的颜色则与其他岩石别无二致。清代文人胡子俊在诗中赞叹："溪头巨石面若酡，万岁千秋留旧痕。"从地貌类型上看，赤面石属丹霞地貌，主要是红色陆相沉积的砂砾岩受到潭溪流水长期侵蚀而形成，由于沉积岩层中的岩石构成成分不同而表现出不同颜色，在不同程度的流水侵蚀作用下，遂形成"赤面"的形貌特征。

赤岩头

赤岩头因山体出露的火成

岩而得名，位于永定虎岗灌洋村，以1547米的海拔成为永定境内的最高峰，也是永定和新罗的界山，属玳瑁山脉。山势与闽西大势一致，由东北向西南倾斜，为典型的中山山地，山地中分布有灌洋盆地。由于早期岩浆活动等地质作用交替影响，使赤岩头所在区域成为闽西乃至福建的重要矿区，已发现的有石灰岩、红色花岗岩、无烟煤、高岭土等80多种矿产种类。

由于所在区域属亚热带海洋性季风气候，全年温和，雨量充沛，因此赤岩头以红壤为主的山地上，植物生长茂密。

永定境内群山起伏，全境属典型的中低山丘陵地貌，大致以永定河为界，分东、西两大部分：东部是博平岭山脉向西南延伸的中低山，西部为玳瑁山支脉。图中因山顶出露的火成岩而得名的赤岩头，即属玳瑁山山脉，也是永定境内的最高峰。

由于山势较高，植被呈现出一定的垂直分布特点，自山脚至山巅，依次为毛竹林、常绿阔叶林带、矮林灌丛植被带、草甸植被带（发育于山地草甸土上）。

仙洞山

在闽西的漳平、永定和新罗一带，博平岭山脉以东北一西南走向蜿蜒伸展，从新罗的适中进入永定的抚市后分成两支，其中一支沿新罗区界南下，沿途经过永定古竹、湖坑、下洋等乡镇，形成相对独立的仙洞山山脉。整条山脉继承主脉走向，由东北向南展布，山脊线的高度大部分在1000米以上，延绵150多千米。主峰仙洞山以海拔1530米的高度

藏身在重重山岭之间。同时，地处永定湖坑东南的仙洞山也因其特殊的地理区位成为永定和南靖、平和两县的界山。

仙洞山由中生代火山岩、花岗岩组成，在地质上属于燕山运动时期、亚欧板块东南部发生新构造运动而强烈上升的区域。与仙洞山相连的有秀峰山和岐扇山等相对矮小的山峰，它们共同组成永定乃至整

个闽西山地的东南绿色屏障。仙洞山中还有一奇异的天然洞穴，洞内遍布各种奇石，状如凳、床、桌等，被世人想象成仙人居住之地，"仙洞山"之名或许来源于此。

仙洞山对东面暖湿气流的西行起了一定的阻碍作用，即山体东南侧迎风坡使西行的海洋气流受到抬升而产生大量降水，而西北背风坡气流变干下

仙洞山脉是本区东南屏障之一。

沉导致降水减少，形成所谓的雨影区。另外，本区位于亚热带季风气候区，水热同期、农业条件相对较好，因而仙洞山中生物资源异常丰富。植物中以松、杉、竹为优势种，并分布有南方红豆杉、黄杨木等珍贵树种；动物方面则发现有黑熊、梅花鹿等的足迹。

金丰大山

与仙洞山一样，金丰大山也是博平岭在永定境内的分支。山体从抚市开始向中南湖雷、城郊、凤城方向绵伸，呈东北—西南向斜卧在永定中部，总面积达490多平方千米。虽然平均海拔不高，但山体浑厚，在以低山丘陵为优势地貌的大环境内，海拔1296米的主峰——天子崇奇峰突起，显得格外陡峻。在其西侧，耀阳崇和作峰崇两座山峰之间峡谷深陷，金丰溪由东向西南蜿蜒奔流。这里有中亚热带向南亚热带过渡的气候特征，同时受地形地势的影响，内部气候差异较大。但是降水量较为丰富，不仅为侵蚀作用提供动力条件，也为金丰溪提供水源补给。

金丰大山还是一座分水

岭——东西两侧的水系分别汇入金丰溪与永定河，纵横交错的水网使金丰大山广泛分布着流水侵蚀的痕迹，地形切割破碎，沟壑在山系中随处可见。山崇林密、地形复杂的金丰大山，因相对封闭的自然地理环境在军事战争中属于易守难攻之地，因此它还曾是赣闽粤边区重要的革命根据地之一。

金丰大山位置示意图

蒙公山

位于永定高陂增坑村的蒙公山以1539米的高度与县内第一高峰赤岩头仅8米之差而屈居第二，但相对于盾形圆顶的赤岩头，蒙公山更为陡峻，在视觉上就显得更高一些。蒙公山与赤岩头、招棋崇、小溪凸、蛇坑崇等一系列千米以上的高峰构成玳瑁山进入永定境内向

东南延伸的重要支脉——茫荡洋，成为黄潭河与永定河的分水岭。蒙公山略呈东西走向，由变质花岗岩、石英砾石以及砂岩等构成，山脉主体为侵蚀地貌，在流水的强烈切割作用下，山岭崎岖陡峭。

东华山

"不游东华山，枉为永定人"这句话足以证明东华山在永定人心中的重要地位。东华山海拔1034米，但山势险峻异常，峭壁陡立。

面积20多平方千米的东华山位于永定境内的抚市。对地势相对低平的永定大地而言，东华山的高度使它足以傲视群峰。它是夹杂在闽西花岗岩地貌中的岩溶地貌，又因属亚热带季风性湿润气候，降水丰沛，亿万年的流水侵蚀正是东华山石峰攒簇的最主要外力作用，"石鼓""鲤鱼石""鹩婆石""燕子岩"等构成东华

东华山山脊连绵郁闭，气候温凉，山间湖泊常年水量丰盈。

红色碎屑岩（小图）是组成白叶湖祭的主要物质。

八景。其山顶还有一汪长流不涸的水池，而山中的"烟雾奇观"则为它增添了一层神秘的色彩——每当在山脚下燃起一炷香或放一挂鞭炮，袅袅青烟便陡然飘起，但到了半山腰，却不再上升，也不散开，与云雾相互融合，久久不散。

白叶湖祭

博平岭山脉自新罗适中经永定坎市入境后，至抚市分两支岔开，分别沿抚市—湖雷—凤城一线向中南和抚市—陈东—湖山一线向南延伸，为永定遗留下26座海拔千米以上的山峰，其中一半是丹霞地貌，位于永定抚市五湖村的白叶湖祭，海拔1022.3米，便是这13幅"丹霞作品"之一。

白叶湖祭崖壁陡峭，顶部相对平缓，有石墙、石柱等丹霞地貌分布。在其赤壁丹崖上，粗细相间的红色碎屑岩构成的沉积层理清晰可辨。与永定岐岭、湖雷、下洋、城郊这4个乡镇的另外12座海拔千米以上的丹霞山一样，其丹霞地貌是特殊的地质构造与湿润的气候在闽西相结合的特定产物。在距今2.3亿—7000万年前的中生代，白叶湖祭酸性火山喷发物在当时的盆地中进行了陆相沉积，沉积总厚度超过600米。构造运动使地壳多次被抬升，同时，南亚热带的海洋性季风气候下丰沛的降水及河流对抬升的层状地壳产生强烈的侵蚀作用，使由沉积层组成的山体坡面发育出一系列纵向深沟，而顶部则逐渐被"削平"。在流水持续的侵蚀作用下，山体坡面的深沟处发生重力崩塌而导致山体后退，保留下来的红色山地，即构成白叶湖祭的主体，并呈现为丹霞地貌的景观。

四角祭火山口

在闽西地区，中生代曾发生过较为剧烈的岩浆活动过程。作为火发喷发的遗迹，四角祭火山口是研究闽西古地质构造的为数不多的范本之一。火山口及附近地区丰富的地热资源，均为四角祭地区早期的岩浆活动留下了证据。

位于永定高陂许佳村附近的四角

火山岩风化后形成的土壤中富含矿

崇火山口，属于玳瑁山脉南段。火山口边缘稍高于中心部分，呈盆地状，形状较为完整。中心所保存的火山颈相（火山锥被剥蚀后，残存的具充填物的火山通道），为英安质角砾熔岩，周边火山岩岩层厚度较大，表层的流纹纹理在部分地区还清晰可见，岩石剖面呈不均匀的层状构造，这些构造随着远离火山口而逐渐变薄。以上种种迹象表明，火山爆发时，从火山口出来的岩浆并非猛烈的喷发，而是以阶段性溢出为主。

燕子岩

位于永定培丰孔夫村的燕子岩，是永定与新罗的界山，外观壁立石磊，内部则洞穴暗布，属于典型的岩溶地貌。与连城的石燕岩相比，不仅是名称相似，就连洞景峰丛也有异曲同工之妙。

燕子岩的溶洞可以说是溶洞中的奇葩，溶洞内道洞错落，每个洞中都有廊道延伸，而廊道侧面又有小洞生成，彼此互为沟通，像迷宫般曲折迂回，进洞的人很少能原道返回。燕子岩的溶洞多半有地下暗河穿流其中，并在洞底形成无数个小湖泊，浅处清晰见底，深处却深不可测，"燕子深宫"是燕子岩最大最深的岩洞，洞内宽敞平坦，洞顶略呈平缓的穹窿状，顶部不断有滴水下落，溅在湖面上发出"叮咚"脆响。

与洞穴相对应的是峰丛，燕子岩上奇峰密布，尤其是狮宝岩和象子峰所构成的狮象共嬉图，惟妙惟肖。然而，燕子岩之所以能成为闽西的名山，并不单单因为它的奇石怪树和暗洞明流，更多是取决于它特殊的宗教地位。数百年来，燕子岩中佛道两教并存——燕子岩的狮宝岩寺和灵岩洞观，推进了近代佛教和道教在闽西的传播和发展，又与客家文化共生互荣，这不能不说是闽西地区的一大奇迹。

永定河

作为汀江东岸的重要支流，永定河是永定境内最长、流域面积最广的河流。它有二源：一是发源于虎岗笔架山的高陂溪，二是发源于培丰的坎市溪，两溪在坎市境内汇合后始称永定河。

永定河干流自东北向西南贯穿永定全境，在峰市芦下坝注入汀江，从正流高陂溪发源地算起，全长达90多千米、宽度由32—150米不等，沿途支流众多，在1075平方千米的流域面积内，汇集了虎岗溪、文溪溪、田龙溪、蛟塘里溪、莲塘溪、西门溪、中坑溪和金砂溪等大小共40余条溪流，水量

物质，加之永定降水丰沛，因而四角崇火山口的植被覆盖率高。

丰富，年径流量为30亿立方米。河流比降明显，上游发源地海拔超过1000米，但河口处海拔仅69米，也是闽西地势的最低点。西岸为山地，尤以上游河谷多绝壁耸立；东岸则以丘陵为主，起伏相对平缓。永定河上游和中游均水流湍急，河水沿河谷断裂下切侵蚀形成深沟，使河床剖面明显呈"V"字形，并遗留下一系列河谷丘陵和侵蚀盆地。侵蚀盆地呈串珠状分布在永定河河谷，永定盆地是其中面积最大的一个。

下游流速则缓慢得多，沿岸多河漫滩分布。

在峰市河口处，受地形影响，这里河流比降明显，水流速度快且汇水时间短，水力资源丰富，现建有清溪水库，有效缓解了洪水期河水容易暴涨暴落带来的负面影响。与闽西西部的古城风口、东留风口成为北方冷空气南下的通道相类似，这里也因较低的海拔而成为东南暖湿气流进入闽西的主要通道，同时是汀江从福建进入广东境内的豁口。

金丰溪

金丰大山东侧的迎风坡水流充溢，发育了南溪、双洋河、高头溪、东洋溪等若干中小溪流，总流域面积达668平方千米，众多水道呈羽状由两侧向中间倾斜，在谷底交汇成蜿蜒流淌的大河，这就是金丰溪。其正源出自永定东南部古竹洋竹村境内的仙洞山脉，在闽西境内长58千米，河道弯曲，水流落差大，年径流量17亿立方米，水力资源丰富。河面宽窄不等——宽处160米左

永定溪流众多，地表水网密布，分属汀江、九龙江、梅江、梅河四大水系，呈树枝状分布全县，其中流域面积在100平方千米以上的河流有汀江及其支流永定河（图①：流入城区后平缓开阔的永定河下游）、金丰溪（图②：金丰溪在山间流淌，是山区居民重要的水源）、黄潭河等。这些河流流向大都随山脉延伸，大致自东北流向西南。串珠状

右，最窄处只有45米。受多变的河道和地势落差的影响，金丰溪时而汹涌激进，时而平静舒缓，贯穿古竹、湖坑、陈东和岐岭等地，在下洋沿江村斗尾坝出境，进入汀江下游支流——广东大埔境内的樟溪后汇入韩江，最终汇入东海。

凤城—坎市丘陵

永定河自北向南穿越永定中部，在凤城—坎市一线留下了一段长约37千米、宽2000—3000米的狭长谷地。由于谷地西侧为玳瑁山脉南段和采眉岭东坡的延伸，东侧是博平岭的支脉金丰大山的西坡边缘，因此造就了谷地两侧起伏绵延近百平方千米的丘陵地带，这便是凤城—坎市丘陵区。尽管有圭母峰、码山和凉伞口等一系列低山的存在，但对凤城—坎市丘陵平均高度的影响并不大，这里平均海拔都在200—500米，相对高度在50—150米之间，起伏比较缓和。由于地表风化物的堆积，这里的土质异常疏松，流水的侵蚀作用使植被不甚茂密，多处为裸地。

奥杳高山盆地

在永定东南部的博平岭山脉西坡绵延分布着数十千米的中低山和丘陵，平均海拔500—600米，起伏相对和缓。在星罗棋布的低山丘陵之间，零星散落着众多大小不等的山间小盆地——以奥杳高山盆地、岐岭盆地和竹联盆地为代表，众多的马蹄形、圆形和条带状盆地构成永定山间盆地群。

这一系列高山盆地都是由于地质时期拗陷或坡地流水侵蚀而成的。其中的奥杳高山盆地，位于湖坑境内，是相对海拔较高的一个，盆底海拔在400米左右，南北延展略长于东西，面积不大，但内部堆积物深厚，土壤肥沃，底部较为平坦。盆地的东坡和北坡有明显的向内倾斜之势，多条溪流沿坡贯入盆地中，为农业发展提供充沛的水源。盆地内面积7.5平方千米的奥杳村，因位于这个长形的高山盆地中，地形酷似大船而得名"云海仙船"。

河谷盆地和山间盆地沿着两岸散布，如博平岭山脉中的奥杳高山盆地（图③）这样的条带状山间小盆地在境内大量分布，约占全县总面积的45%，因地势低缓而成为人口集中的主要居民区。

茫荡洋草本沼泽地

在茫荡洋的群峰之间分

下洋温泉 在永定已发现的8处露头温泉中，下洋占有4处，分别位于下圩、新圩、太平寨、中川，其中以下圩温泉的水温最高，达70℃，为碳酸氢钠型水质。下洋温泉的特点是点眼多，分布广，无色、透明，热泉从100多米深的地层中冒出来，流量达到7升/秒，含有丰富的矿物质，是对治疗风湿、关节炎等疾病有特殊效果的良好水质。温泉浴成为下洋人生活中的一个重要部分，出水口处常可见建筑精美的露天温泉浴池。

布有无数山间盆地，海拔超过1200米的地势使得盆地里气温较之平原低近10℃，且终年云雾缭绕，蒸发量极小，相对湿度大；山间泉水顺地势向封闭低洼处流淌，增加了地表积水的汇集并下渗形成丰富的地下水；受气候、地形等综合因素的制约，土壤温度较低，微生物活动能力较弱，分解作用缓慢，这使得腐殖质逐渐发展演化为泥岩层，影响地下水继续下渗，令地下水位升高而形成沼泽——高山沼泽地便是在这样的自然条件下发育而成的。永定虎岗境内的茫荡洋沼泽地便是其中最典型的一处。

在这样的气候和土壤环境下，沼生和湿生的草本植物最容易生长，形成亚热带草本沼泽地——与温带湿润条件下的木本沼泽和多水寒冷且土壤贫瘠土地生境下的泥炭藓沼泽有本质区别。近5平方千米的茫荡洋草本沼泽地内部沼泽草种类繁多，主要有柳叶箬、萤蔺、江南灯芯草、灯芯草、稗荩、谷精草、大蓟、地耳草、星宿菜、堇菜、半边莲、挖耳草等。这里同时也是竹品中的另类——倒生竹的主要分布区。

仙湖洞

进入高5米、宽7米的拱形洞口，便是一段长15米左右的廊式通道，两壁石幔重重，形态各异。继续前行，便像进入地下迷宫，洞内迂回曲折，洞壁上不断有新的洞口出现。各洞大小迥异，最小的洞一个人伏身勉强可以通过，最大的却高达20米、面积逾1万平方米。石笋满地，钟乳石簇簇倒悬，看似已经路尽途穷，但转个身，又是一处深幽长洞，这正是仙湖洞的奥妙之处。

闽西地区岩溶地貌发育，但像仙湖洞这样大型的地下溶洞却并不多见。仙湖洞位于永定抚市联中村的西坑岩半山腰，洞口朝向西北。从洞口算起，仙湖洞深约1500米，洞虽深，但不黝黯，光线主要来自穹顶几个轮盘大小的天窗，尤其是正午时分，光线垂直下泻，与洞中的"擎天一柱"一虚一实、一明一暗相互对应。仙湖洞内有3处地下湖，湖面平静，水质清澈，最大的一个湖面积达上万平方米，水深五六米。

在闽西，包括仙湖洞在内的石灰岩地区，在中生代三叠纪时还深埋于海底，后来因地壳的上升运动才到达地面，再经过长期的海水冲刷和风化剥蚀才演变成今天如此奇特壮观的岩溶景观。

箭滩温泉

永定地热资源丰富，居龙岩地区第一，已发现露头的温泉共8处，分布于下洋、城郊等乡镇。每年冬至一过，城郊东溪村就显得有些与众不同——一股淡淡的水雾从村东袅袅升起，在上空盘旋久久不散，这水雾即来自于箭滩温泉。冬过后，温泉中冒出的水蒸气在较低的气温环境下即时冷凝形成雾气，这种情况在清晨和傍晚时分表现得更为明显。

藏匿在残留坡积物构成的岩层中的箭滩温泉泉眼其实并不大，但日出水量却有1500吨之多，水量终年稳定，水温适合直接洗浴。在近百米长的温泉区域内，平均水温48—58℃，泉眼处的稍高，可达到64℃。温泉水质优良，透明度高，富含氟和二氧化硅等矿物质，呈弱酸性。

红尖山

满树银针、冰清玉洁，就连枯死的树头也仿佛白色珊瑚丛一般秀丽。红尖山正是以雾凇美景而成为新罗的地标。

位于新罗与漳平永福交界处的红尖山隶属于博平岭山脉南段，为博平岭山脉在闽西境内的第二高峰，仅次于苦笋林尖，以海拔1486米的身姿突兀地耸立在闽西大地的东南部。红尖山属于中亚热带山地气候，气温的垂直差异显著，年温差平均可达15℃。隆冬岁寒，山顶温度时常会降到0℃以下，源自新罗适中丰田村附近的温泉溪水从山麓间穿行而过，暖湿的水汽上升到山顶遭遇低温时，便在树枝上、草地上凝成冰晶，从而形成了雾凇奇观；潮湿多雾的夏季，红尖山又是另外一番景色，杜鹃花漫山遍野，就像尖山山顶着一顶硕大无比的红盖头一样，这或许就是"红尖山"得名的原因。

由于山体高大，红尖山由下而上中亚热带常绿阔叶林、针叶阔叶混交林、高山草地三个植被类型区分明显。杉树、松树、杜鹃树、红果树等遍布山岭，眼镜蛇、飞鼠、画眉、雉鸡等动物活跃其中。

小溪凸

地处新罗小池与永定高陂交界处的小溪凸，是玳瑁山山脉延伸至新罗与永定交界处的中低山峰之一，海拔为1502米，坡度陡峻，为永定第四高峰。它是九龙江流域与汀江流域的分水岭之一，汀江支流黄潭河与九龙江支流红坊溪（雁石溪上游）分别发源于小溪凸的西南坡和东南坡。自小溪凸发源后，黄潭河直接取向西南，而红坊溪则是先流向东南，然后在高陂和红坊的中间穿过，折向东北。

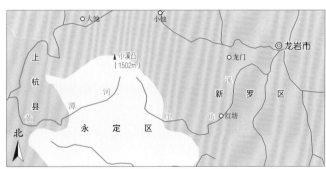

小溪凸位置示意图

黄连盂

黄连盂是新罗小池境内采眉岭山脉的组成部分，主峰岩顶山海拔1807米，形似一头俯卧的雄狮，坐东朝西。

其实，黄连盂的山顶并非嶙峋高峻，主峰之巅是一片铺满棕黄色草甸的开阔地域。山腰至山顶常年云雾缭绕，凉风拂面，高湿度的天气使周围山

新罗的地貌以中山为主，间有低山、高丘、平地等（如右图由低山丘陵组成的地理奇观——"江山睡美人"），整体地势由西北、东南向东北、中部倾斜。北部玳瑁山、中西部采眉岭（左图为采眉岭山脉的黄连盂）、东南部博平岭

峦都笼罩在缥缈的薄雾之中，就连"雄狮"也被薄雾捂得严严实实，只能隐约看出一个轮廓，山间溪水潺潺。九龙江北溪的其中一个发源地就位于黄连盂南坡，这里也是九龙江北溪最高海拔、最长的源头之一。由于山麓的水热条件变化较大，因此山上植被繁茂，乔木、灌木和草甸等垂直带谱分布十分明显，种类繁多的珍稀动植物资源，使黄连盂成为闽西地区的"生物学研究的天然实验室"。

天马山

地处新罗市区南郊、莲花山东侧的天马山是莲花山森林公园的主要组成部分，植物资源丰富，仅竹类就有20多个品种。天马山海拔并不高，只有490米，却是闽西为数不多的火山遗址之一，山体呈锥形，

山顶裸露的"极顶石"，由侏罗纪时期的火山角砾岩构成，形成于1.4亿年前的一场火山喷发中，角砾中的黑色页岩、花岗岩等碎屑，清晰可辨。天马山麓堆积着大量带有气孔的火山蛋和火山饼等奇形怪状的碎石，并分布有含钨等矿物的岩石，是闽西地区地质历史时期岩浆活动异常剧烈的有力证据。

龙岩洞

新罗东南的东城社兴村与南城后盂村交界的翠屏山中，有一处岩溶洞穴——龙岩洞。它隐于凌乱的砾石群和灌木丛后，洞口只有1米多高。洞内却宽阔平坦，面积约800平方米，两壁陡直，最高处约4.5米。洞内左侧有几张石凳围在一个石臼四周，从洞顶滴下的水滴刚好落到石臼内，因此它

常年清水满溢，并沿着洞壁下的深水沟流向洞的深处。

沿洞壁下泻的流水堆积出深浅不一的青白色和浅黄色纹理构造的钟乳石，似水波兴浪，又似钩云翻卷。站在洞口向内凝望，不出片刻，两侧洞壁上或青白或浅黄的纹理便会幻化出两条巨龙的身形，左青右黄，首尾呼应，凌空飞舞。尤其是青龙，头居洞顶，对着洞口虎视眈眈，甚至头角鳞片都清晰可见。如果向前行进几步，双龙便顿然隐入石壁，"龙岩洞"之名由此而来。

最早从中原逃亡过来的河洛人曾怀着对龙的无比虔诚将此地视为图腾圣地，龙岩洞自此便声名远播。唐天宝元年（742），古汀州地界改制，新罗就因为有龙岩洞的缘故更名为"龙岩"，成为当时中国行政版图中唯一以"龙"

呈带状分布，九龙江北部两大支流雁石溪、万安溪则呈"丫"字形贯穿全境，三列山地和两条河谷盆地均自东北向西南方向伸展，形成"三山夹二谷"的地貌特点。

命名的县。在龙岩洞的考古中，发现有火炭层及部分脊椎动物骨头的化石，与以明代王源的《龙岩记》为代表的、保留在洞壁上的众多摩崖石刻一起，为证明龙岩洞是闽西为数不多的有古人类活动的重要洞穴遗址提供了翔实的科学依据。

"江山睡美人"

岩顶山、大门崎、笔架山等5座山峰首尾连接，山峦高低起伏，竟意外地勾勒出一幅逼真的少女轮廓图，其腰身纤细，乳峰高耸，面部五官轮廓清晰可见，闭目仰卧，泰然安眠——"江山睡美人"指的就是这里。这一罕见的地理奇观位于新罗江山山塘村境内，为花岗岩地貌形成低山丘陵。这里属于中亚热带向南亚热带过渡带，为亚热带季风气候，终

年温暖湿润，竹木茂盛，随风舞动的竹枝犹如"美人"飘散的长发，尤其是日薄西山，太阳隐退之后，睡美人显得越发生动。在"美人"的腹部，有一座貌似孩童依偎的山头，旁边则突起一座名为"金狮山"的山峰，状似金狮静坐，守护着熟睡的少女。闽西人就曾以此为源，编撰了一段"茶花仙子"和"打铁后生"的故事。

官司岭大绝壁

黄连盂南坡在地质构造运动的影响下，形成断层并发生大面积陷落，于新罗江山境内形成长近1000米、高达200米的大型石壁，暗褐色火成岩的底色一览无余，这就是官司岭大绝壁，又称黄连盂大绝壁。

由于长期受到风蚀和水蚀等外力作用的影响，大绝壁上已经出现多处崩塌，岩壁下碎

石遍布。这种大自然不经意的雕琢，竟衍生出"老鹰石""禾仓石"和"金龟下蛋"等无数让人拍案叫绝的造型。正因为如此，这里成了无数探险猎奇者驻足的天堂。

万安溪中游

万安溪发源于连城曲溪乡境内的将军山，是由麻林溪、满竹溪、小溪3条溪流在万安涂潭汇集后形成的九龙江北溪支流，又名藿溪。其主要支流还包括地村溪、水口溪、吕凤溪和田坑溪等，多年平均径流量14.7亿立方米，干流全长

万安溪中游沿岸植被茂盛。

官司岭大绝壁非常陡峭，坡度都在80°以上，岩石垂直节理发育

101千米，跨连城与新罗，在新罗苏坂与雁石溪交汇后始称九龙江北溪。万安溪中游指流经新罗北部万安、白沙和苏坂等乡镇境内的河段。

受新罗地形起伏影响，河床比降较大，水量丰富，水流湍急，为开发水能资源创造了绝好的条件，白沙水电站就位于万安溪中游。另外，据说这条河还是神奇的沐浴河——万安等地的百姓每年夏天都要到河里洗浴几次，不论是中湿毒、生疥癫，或是瘴气，在这里洗过之后便会很快痊愈。如此看来，"万安溪"之名可能不仅与所流经区域的地名有关，还含有"万事平安"之意。

红坊溪

作为九龙江支流——雁石溪的上游部分，红坊溪又名"蒋邦溪"，发源于永定高陂与新罗小池交界地的小溪凸东南坡。自源地开始，红坊溪顺坡伸向东南，一路奔腾，经高陂的曲坑和大片坑进入新罗红坊境内，在这里发生了近90°的大转弯，取向东北，并于红坊曹溪圩与源自凉山崎的东肖溪汇合，自此开始改称"丰溪"，随后汇入雁石溪。红坊溪不仅

梅花湖水资源丰富且水质良好，当地人常在湖中进行网箱养鱼。

为沿途各地提供了充沛的灌溉水源，还为沿途面积约10平方千米的宽谷盆地——红坊盆地，造就了成片的肥沃沉积土壤，使得红坊溪两岸成为闽西这一方山地丘陵中难得的富庶之地。

九十九曲溪

九十九曲溪自梅花山南麓的圭乾山东坡发源后，急流南下，进入新罗铁山镇境内，沿途吸纳了来自林祠、新田和前村等地的溪流，在富溪村汇入雁石溪，成为九龙江的源头之一。

在闽西地区的民谣中曾有这样一句："大转三十三，小曲六十六"，这"三十三"与"六十六"所指的正是九十九曲溪的多弯形态。九十九曲溪全长8千米，却有转弯无数，弯处自然水急，所以沿途滩涂众多，清冽的溪水从陡立的谷壑中呼啸前行，浪花翻滚，怒水击石，这正是九十九曲溪的与众不同之处。在溪谷两侧，奇峰林立，怪石擎天，"石龙山""情人峰""虎跃渡""柴门槛"和"刺猬洞"等或夹溪而立，或临水生渊。

梅花湖

面积8平方千米、平均水深近3米、总蓄水量2.28亿立方米的梅花湖，镶嵌在新罗万安境内梅花山南麓的九龙江支

流万安溪上。受华夏系构造与新华夏系构造控制，库区呈西南—东北方向伸展。这片群山相拥的水体，地处万安地势下沉处，属多雨区，在667平方千米的集水区域内，丛林密草，森林覆盖率高达86%，两边大山溪流众多，较大的有浮竹溪、麻林溪、石城溪等，水资源相当丰富，享有北回归线荒漠带上"绿海明珠"的美誉。梅花湖湖岸线曲折，长达82千米，沿岸怪石嶙峋，峭壁耸立，与周边的驻仙峡、竹贯古迹群、甲元里

石窟和隔元底溶洞等相映而成美景。每年隆冬时节，成群的白鹭和鸳鸯等水禽自北南来，停驻于此，梅花湖区因而成为候鸟躲避严寒的天堂。

雁石溪谷地

作为新罗境内最大的河流，雁石溪纵贯新罗全境，所形成的河谷自西南向东北倾斜，谷地区域上小池、龙门、西陂、城关、铁山、雁石和苏坂等乡镇，集中了新罗平地总面积的64.14%。河谷平均海拔412米，是境内的最低点，也是闽西热量最丰富的地区之一。新罗"三山夹两谷"地形大势中的"两谷"之一指的就是新罗雁石溪谷地（另一为万安溪谷地），其形成主要是受控于古华夏构造体系与新华夏构造体系。

宽窄不等、盆谷与峡谷呈莲藕状相间排列是雁石溪谷地最具有代表性的特征。在

宽谷段，河床平坦开阔，河谷底部水流缓慢，发育有多处心滩和边滩地貌。河漫滩面积较大，并形成2或3级平坦的河流阶地，尤其是铁石洋、溪西和平林等几处低平之地连为一体，形成大面积的河谷平原；窄谷段情况则大不相同，水流湍急，深切作用使河谷剖面表现为顶窄底深的"V"字形构造，谷壁陡立，河流阶地不发育，只能呈条状沿谷侧出现。夹于玳瑁山与博平岭两个高大山体之间的雁石溪谷地，是联系新罗南北的重要通道，漳（平）龙（岩）铁路与福三线公路均从这里通过。另外，谷地以古生代和中生代沉积岩为主，地质构造复杂，蕴含了丰富的矿产资源，主要有煤、石灰石、高岭土等。

龙岩盆地

受闽西地区山脉南北纵列、山谷相间分布的地势特征影响，新罗境内最大的断陷盆地——龙岩盆地呈现出南北长、东西窄的特点。其中部和南部稍宽，北部较窄，看起来接近一个长腰的梯形，范围包括龙门、东肖、曹溪、西陂、红坊、铁山等地，面积为186平方千米。

雁石溪河道迂回曲折，这是其盆谷、峡谷相间的原因之一。

龙岩盆地自然环境优越，已发展为闽西人口密集区。

盆地内地表起伏极小，尤以底部最为平坦，平均海拔在300—350米。小溪、丰溪和小池溪等水流在盆地中部汇集，注入雁石溪，使得盆地中的水资源十分丰富，在气候上属于热量充足、降水丰沛的亚热带季风气候，多年平均气温19℃左右，平均年降水量1700毫米以上，为农业发展提供了极大便利。相对于闽西地区山地丘陵遍布的情况而言，具有优越农业条件的龙岩盆地的确可以算是一处富庶之地。盆地地下水资源也十分丰富，可分为地下热水和地下隙水两大类，地下热水有双车、浮蔡等几处温泉，地下隙水主要为碳酸岩类裂隙溶洞水，日开采量可达21万立方米。

铜钵盆地

和闽西地区其他受断裂构造影响而形成的地貌形态一样，位于新罗江山铜钵村的铜钵盆地是受晚白垩世断裂带影响而形成的小型断陷盆地。铜钵盆地面积不大，不到3平方千米，海拔300米左右，中间地势低平，四周被群山环抱，盆底沉积了以砂砾岩为主的红色岩层。

铜钵盆地所处的江山为亚热带季风气候区，多年平均气温18.3℃，最低月平均气温9.6℃，多年平均降水量在1840毫米，发源于岩顶山东坡的蒋武溪穿盆地而过，从气候和水文条件而言，是农业发展的理想之地，但由于铜钵盆地的沉积土层厚度不大，肥力较差，虽然已被开辟为农业用地，但农作物的产量相对较低。

龙硿洞

早在3亿年前的古生代，闽西地区遭受了3次大规模的海侵。在地下水对碳酸盐岩侵蚀作用下，发育了无数造型别致的岩溶地貌。武夷山脉南段新罗雁石境内一处面积达5.4万平方米的石灰岩溶洞群——龙硿洞，就是这一时期海侵活动的遗留。

龙硿洞与其他溶洞的最大不同之处，就在于它呈上、中、下三层结构的阁楼式布局。虽然三层之间通过天井式的一线天彼此能相望，但又不能直接"上楼"，还必须经过层层"迷宫"才能攀爬上去，最高处高达50余米，被誉为"华东第一洞"。

龙硿洞自入口到出口全长2500多米，洞内共有8个大厅和16个支洞。进入洞口，便是可容纳50余人的大厅，右侧石壁上有平坦的大型石床。大厅里有3个洞门并列，并分别通往3个主洞。"观音洞"是龙硿洞最大的部分，内有因形似观音和人上老君而得名的各种钟乳石等，皆栩栩如生。一条长达300多米的地下溪流在洞内时隐时现，但潺潺的流水

龙硿洞的蘑菇状石伞，其实是由一根粗大的石柱及其顶部无数的小钟乳石构成的。

声不绝于耳。而在"飞龙洞"内,洞顶的石灰岩溶液凝结成一条凌空飞舞的白龙形状,龙硿洞的名称来源多半是与这条龙身的存在有直接关系。往洞内深进,只有微弱的光线从锯齿状的崖缝间挤射进来,形成狭长的一线天。

浮蔡温泉

闽西境内地质构造复杂,包括加里东—海西期等大型的地壳活动,造就了闽西崎岖起伏的地表形态;地下岩浆活动也持续不断地影响着闽西的自然环境,丰富的地下热水资源就是重要佐证。

新罗地区可谓一个典型表现,境内大小温泉遍布。其中曹溪浮蔡村的浮蔡温泉,地处龙岩盆地东南方,由于含水层埋藏在地下300米深处,水层所受地层压力巨大而自行喷出地面。其出水孔温度保持在53℃左右,并富含偏硅酸、铁、锰、碘、磷酸、硼酸、锂、锶、钡等各种化学物质,从矿物组成上来看是属于优质的碳酸盐型泉水,对于补充人体微量元素和促进血液循环有特殊的作用。

戴云山脉南麓

横贯福建中部地区的戴云山脉为仅次于武夷山的省内第二大山脉,素有"闽中屋脊"之称。漳平的吾祠和灵地一带,受戴云山脉东北—西南走向的影响,地形呈现出自北向南倾斜的趋势,群峰错落,逐级变低,这里即为戴云山脉南麓。这里平均海拔在800米左右。山麓之上,溪水顺缓坡汩汩而下,贯通吾祠和灵地等地汇入九龙江;山体风化和水蚀特征十分明显,富含铁和锰等元素的红壤土层自北向南逐渐加厚,成为本地最主要的梯田分布区域。

紫云洞山

作为玳瑁山脉延伸至闽西境内的最大支脉,紫云洞山自东北向西南绵延数十千米,斜卧在漳平西北部与永安交界之处。峰峦叠嶂的山体之上,瘦石嶙峋,崖壁陡立。山中植被以常绿阔叶林为主,物种丰富,主要有甜槠、米槠、南方红豆杉、丝栗栲、拉氏栲、三尖杉、猴头杜鹃、罗浮栲和南岭栲等1000多种植物。云豹、熊、蟒蛇、娃娃鱼、黄腹角雉、黑狗熊、穿山甲和猕猴等珍稀濒危动物也在山中出没。紫云洞山上泉瀑发育,尤其是经常可见石壁冒水的奇观。一些从山体渗出的泉水,汇聚成溪流,沿山呈阶梯状跌落,形成多处瀑布,著名的如仙女瀑。由于水汽充盈,海拔1647米的主峰之上,常年云雾缭绕,尤其是夏季雨后初晴,水汽便在山间袅袅升起,恍若仙境。

龙伞崬

地处漳平赤水罗坑村与新罗白沙邹山村交界处的龙伞崬是由数个山峰组成的山峰群,其中的最高峰位于漳平境内,海拔1503米。"龙伞"为山脚下一个村庄的名称,从远处看,盾形的峰顶像一柄张开的大伞,至于"龙伞崬"名字的由来,或许是基于村庄的名称,又或许与山形有关。

龙伞崬属玳瑁山脉的中段,地质构造以燕山早期火山岩和花岗岩为主,尽管海拔高度并不出众,但山深崖陡,溪水潺潺,多年平均气温18℃左右,多年平均降水量1600毫米,温暖湿润的气候条件特别适合荔枝的生长。每到夏季,林间就挂满了鲜红的荔枝;冬天则是另外一番景象,0℃以下的气温使得山顶时有白雪出现,与夏季红盖幔头的景象形成了鲜明对比。

漳平境内峰峦起伏，戴云山脉南麓在此低伏缓倾（上图），玳瑁山支脉紫云洞山绵延起伏（中图），博平岭主峰苦笋林尖（下图）则群峰簇拥。

苦笋林尖

位于漳平官田豪山村的苦笋林尖，是博平岭主峰，闽西第三高峰，也是漳平境内的第一高峰，为中生代晚侏罗世陆相火山喷发及断裂发育的结晶，四周群峰簇拥。它的山脊向东南方向延伸，相对缓和，但西北坡坡面极陡，尖细的山头藏匿在常年氤氲的雾气之中。1666米的海拔高度，使得苦笋林尖因这组合有"六六大顺"寓意的数字而被誉为"最吉祥的山峰"。

苦笋林尖地处南亚热带与中亚热带的分界线上，气候温和，年降雨量1800毫米左右，福建第二大江九龙江就发源于此。山中植被垂直分布明显——300米以下以翠绿的毛竹林为主，300米以上则是墨绿色的阔叶树，顶峰密布低矮的灌木林和苦竹林，"苦笋林尖"之名由此而来。苦笋林尖山高林密，植被丰富，森林覆盖率达76%，森林植物达1300多种，包括罗汉松、素心兰和金线莲等众多珍稀物种，还生活着一种酷似娃娃鱼的珍稀两栖动物蝾螈等。

漳平盆地

以漳平为中心的漳平盆地是闽西东部最大的盆地之一。漳平盆地是包括区域内河谷盆地与山间盆地两种类型盆地在内的合称。前者主要分布在九龙江北溪干流沿线，由北向南，依次有南洋、西园、菁城、桂林、芦芝等宽谷和盆地，其中以菁城、桂林盆地为最大。河谷盆地中发育着三级阶地和河漫滩，地势较为平坦。山间盆地则多在九龙江支流上游，主要有北部的新桥、赤水、双洋和中部的溪南以及南部的永福等山间盆地，以永福盆地为

漳平盆地以漳平为中心，多条支流在这里汇入九龙江，故这里兼具河谷盆地和山间盆地特征。

最大。这组盆地群周围被博平岭和戴云山脉尾闾等起伏和缓的低山和丘陵所环抱，平均海拔750米左右，相对高度均在50—100米，是闽西地区典型的高山盆地。盆地底部都较为宽阔平坦，只有为数不多的盾状小丘零星分布。

九龙江水系的支流和干流流经各小盆地，不但为盆地提供充足的水源，也孕育了沿途肥沃的土壤，再加上盆地内1850毫米左右的年降水量、无霜期长、日照时数长的气候特点，使得漳平盆地成为闽西地区茶叶和花果苗木的主要种植区域。

天台山沼泽

在漳平赤水香寮村西北海拔达1478米的天台山山顶，有一处面积约3万平方米的沼泽地。此类高山沼泽在闽西并不多见，它的形成与所处的地理环境有直接的关系。最初，这里是一块开阔平坦的高山盆地，有3条山涧在底部汇集。因为海拔较高，

兰洲坪草甸为湿冷高山草甸，年平

使得这里的气温偏低、蒸发微弱，地下水位渐渐升高，常年接近甚至浸过地表，同时盆地相对封闭的地形并不利于排水，日久便形成沼泽。这里除了种类繁多的湿生和沼生植物外，附近还保存着大面积的原始森林，有南方红豆杉和花榈木等珍稀植物，以及娃娃鱼、云豹、熊和猕猴等数百种野生动物。

兰洲坪草甸

在漳平与华安交界处，离漳平市区仅24千米的桂林山羊隔畲族村南，有一座海拔1300米左右的山峰。由于地处博平岭山脉北段的背阴

均温度较低，湿气弥漫。

穿云洞洞口窄小，洞内却相当宽敞。

坡，虽降水量不大，但因为光照少，蒸发微弱而相对比较湿润，为草甸的发育提供了极佳的生长条件，因而在宽敞平坦的山顶上，分布着大片的天然高山草甸——兰洲坪草甸。草甸呈不规则的三角形状，南窄北宽，有2个足球场大小，自南向北有较小坡度的倾角，在边缘有两口清冽的小山泉流出。这片万余平方米的高山草甸，尽管面积并不大，但在闽西以森林为主的植被类型中，仍然显得稀有而珍贵。

穿云洞·风硿洞

在漳平赤水的岭兜村，双洋河上游蜿蜒穿过，在沉积岩为主的玳瑁山山体中留下了许多石灰岩溶洞群景观，洞内钟乳石、石笋遍布，成簇处犹如佛手，又似莲花倒挂，形态各异。其中以穿云洞和风硿洞最具有代表性。全长2500米的穿云洞，洞口在半山腰，约4米见方，洞内相对幽暗，只有一缕微弱的光线从洞顶的一线天勉强探射进来，形成一道天然的"光帘"，四周由沉积物形成的"飞禽走兽"穿帘而过，生动逼真。由洞口往北300米，有一峭壁悬崖，上有明代贡士陈茂楠留下的石刻"凤翔千仞"。而距穿云洞仅500米左右的风硿洞，洞内除了生动的石鼓之外，还有一特别之处，就是有一个能容纳三四百人的宽敞大厅，其顶部开有一处天窗，直径约2米，每当山风吹入，便会"嗡嗡"作响，古诗中的"月夜时闻钟鼓声"便是对风硿洞这一现象的描述。

仙鹤潭瀑布

仙鹤潭瀑布位于漳平桂林境内的博平岭之中。总高110米的瀑布分成3段呈阶梯状、由西北向东南倾泻而下，气势逼人。尤其是主瀑，沿着60多米高的悬崖陡壁飞流直下，水帘溅起浓重的水雾，百米之外都能感受到沁脾的凉意。强劲的水柱在崖的底部冲蚀出深水

仙鹤潭瀑布流经的花岗岩岩性坚硬，不易受流水侵蚀，水流顺势呈三级阶梯状跌落。

潭，面积有200多平方米。瀑布汇聚成的溪流两岸植被茂密，山峦起伏连绵，山花烂漫、鸟鸣蝶舞。春天，瀑布附近还有成片的桃花盛放。潭边石壁上有一处宽坦的平台，传说曾经有仙鹤在此驻足，这"仙鹤潭瀑布"的名称便是来源于这一传说。

明山泉

温泉多半与断裂构造及地热活动有关，地处漳平永福大坂村境内的明山泉也不例外，燕山早期频繁的地壳运动，使地下热能沿岩层裂隙不断释放出来，与之相接触的地下水或地表水则受热能影响形成温泉。明山泉富含氟、偏硅酸、重碳酸、硫酸钠、硫酸钙和硫黄等元素或矿物质，具有较显著的医疗保健功效。泉眼核心区面积不到半平方千米，水温58—63℃，平均每小时出水量高达60立方米。

明山泉地处河谷地区，四周被起伏的低山丘陵所环绕，历史上这一带曾沿西北一东南方向发生过断裂活动，因而下部岩层较为薄弱，在流水的长期侵蚀下形成许多地下暗河，暗河中的水流经过地下热能的加温后就从沉积层的缝

新桥溪（左图）和双洋河（右图）皆为山地河流，挟带着大量砂砾流出山区，但后者因筑有水库，流速已大大减缓。

隙和断裂带中喷涌出来。由于有地表河流水源的补充，地下暗河水量稳定，明山泉遇雨不增，遇旱不减，一年四季水流不断。

新桥溪

新桥溪以前也称"罗溪"或"和睦溪"。虽为九龙江在漳平境内最大支流，但新桥溪的发源地并不在漳平境内，而是在大田太华，干流自北向南经桃源进入漳平城口村。在新桥以上的上游河段名为"城口溪"，溪水自新桥向南，在罗溪口与双洋河汇合后汇入九龙江。新桥溪全长95千米，流域面积1028平方千米，在漳平境内的河段长62千米，流域面积616平方千米，多年平均径流量5.3亿立方米。由于流域内地形起伏明显，坡降较大，因而20世纪末以前，水灾频发，每逢雨季来临时便成为当地人

的心腹之患。如今，流域内已建有十余座水力发电站，水能资源相继得到开发，水灾也得到缓解。

双洋河

因与新桥溪在水文特征方面存在诸多相似性，双洋河一向被誉为新桥溪的"姊妹河"。双洋河以前被称为"宁洋河"，现在也有"九鹏溪""解溪"和"双洋溪"等不同称谓。双洋河发源于永安境内，甫出源头便进入漳平境内，呈南北走向，在漳平北部汇合了另外两条支流，经双洋和南洋至西园的罗溪口与东北—西南向的新桥溪合流，并于盐场前注入九龙江。在双洋境内的河段，称为"石坑溪"，过了溪口才被称为"双洋河"。在漳平境内，双洋河的流域面积达580平方千米，主要支流有下耳溪、石坑溪、

徐溪和中村溪等。历史上，双洋河原是一条水流奔涌的急流河，如今中段已经被筑坝拦截，奔流之势不复存在，变成了一片静止的潭湖。

溪南溪

溪南溪是漳平东部一条小河，旧名"感化溪"，为九龙江流出闽西境内前最后一条较大的支流，也是九龙江在漳平境内的五大支流之一。其上游干流称长塔溪，源自吾祠陈地村，流向东南，入大田县境的炼洲坂等处，复流入漳平境内，纳谢洋溪，过长塔至宽田折向西南流经象湖、溪南，至华口营汇入九龙江，全长67千米。在630平方千米的流域中，有545平方千米属于漳平，流域面积在50平方千米以上的主要支流有谢洋溪和后溪。溪南溪出产独特的九龙璧品种——梅花玉，其中墨玉材质

的梅花玉仅产于从漳平象湖至溪南的37千米河段内。

梁山顶

"不到梁山非好汉，登上梁山看全县"，这是在武平广为流传的一句顺口溜。不过，此梁山非彼梁山，讲的是武平境内的梁山顶。

梁山顶的古母石。

梁山顶位于武平中部，永平、中堡、城厢和武东4个乡镇的交界之地，以1538米的海拔雄踞武平的制高点。同时，它也是武夷山脉南段在闽西为数不多的、海拔在1500米以上的高峰。梁山顶以花岗岩为构成岩层，在云礤沟处有明显出露。山顶之上，遍布着一些似盘若鼓的巨石，光滑圆润，全无棱角，或躺或立，或隐于草下，或藏于灌丛之中。其中最具代表性的是一块直径近6米的巨石——古母石，立于山顶之上。虽

与山体的接触面不过半米，但千百年来，古母石不曾动过半分半毫——这些都是花岗岩山体独有的石蛋地貌。

梁山顶上水源丰足，是闽、粤、赣交界地区重要的水源涵养地及汀江、梅江的重要水源地之一。从山脚到山顶都有泉水和溪流，水流汇聚，随山势跌落，形成大小瀑布50多处，其中最大的是黄石头瀑布，落差约80米，分三段相继跌落。丰盈的水源也滋润了山地上的植被，所保存的钩栲林属于原始森林群落，还有大片的南方红豆杉、半枫荷和银杏等世界珍稀濒危树种生长，雉鸡和松鼠等动物也常常可见。

石迳岭

石迳岭位于武平县城西部，作为梁野山系的支脉之

一，与梁野山主脉、龙嶂山脉一起构成武平境内东北—西南走向的三列山脉，形成闽赣之间的交通屏障，只在连绵山体的中间有一处隘口，因地势相对较低，成为早期联系东留和武东两地最便捷的天然通道。

石迳岭山体所覆地域，东至万安、城厢，西连东留，北起永平，南止于中山，组成包括西山在内的一系列中低山地。其间发育有典型的丹霞地貌，是中生代白垩纪赤石群的紫红色巨厚层状砾岩岩体受到风雨及流水的侵蚀而形成的特殊地貌类型，峭壁上远古时期构造运动所生产的断层和节理仍清晰可见。山体以西为谷地，留溪自山脚流过。

地处典型亚热带季风气候区的石迳岭，雨热充沛，动植物种类繁多，包括南方红豆杉、黑桫椤、闽楠等250多种植物及其生境构成完整的森林生态系统，为野生动物的栖息繁衍提供了理想的场所。

灵洞山

灵洞山在武平县城以西，当地人称为"西山"或"西山嶂"。据说道家仙师葛洪曾经在山洞里修仙炼丹，因此得名"灵洞山"。

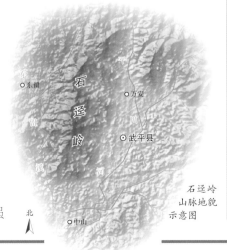

石迳岭山脉地貌示意图

北

灵洞山由一系列的中山、低山和高丘组成，从云梯山到白鹤垌绵延数千米，与县城东郊的天马寨遥相对峙，主峰海拔1129米，山势陡峻。山腰以下，洞穴遍布，有大洞36处、小洞28处，沿山而下的水流，多隐没于山体裂隙中，成为暗河。山腰上，红色砂岩出露地表，受长年累月的风化和侵蚀作用影响，这些岩石沿节理构造发育成奇异的峰林和崖洞等，并形成典型的丹霞地貌。

灵洞山山顶终年云雾缭绕，雾海、丹霞、仙洞的组合使得灵洞山位居武平八大胜景之首。北宋名臣李纲在武平任职期间，常游此山。山上至今保留有李纲当年建造的"读书堂"。

东留风口

在进入武平西缘之后，东北—西南走向的武夷山脉南段海拔骤降到560米左右，多为低山和丘陵。尤其是东留的留坑、背寨、桂坑和南坑一带，山体如同被拦腰截断一般出现一条巨大的裂口。正是这个裂口，不仅为闽西与赣南之间准备了一个天然的通道，还给冬季来自西北方向的寒冷气流进入武平境内提供了入口，所以被称作"东留风口"。

东留风口与长汀境内的古城风口并称为"双姊妹"，是

组成灵洞山的低山和高丘。

和古城风口一样，东留风口也是横切武夷山脉南段的隘口，这些狭长的谷地产生狭管效应，使风速增大。

武夷山脉南段在闽西最著名的隘口。由于风口深，冷空气通行量极大，受此影响，东留的大部分地区和中山西北部冬季气温极低。作为闽西冬季气温最低的区域之一，这里的农业发展受到很大的影响。

岩前丘陵

龙崆山脉在闽西西部蜿蜒盘行，一直延伸到武平东南部，并在此呈现由北向南逐渐降低之势。岩前境内，除了丘陵间零星分散着一些小盆地以外，丘陵地貌极具优势，占据了85%以上的面积。在岩前罗坊角村周边，沿着岩前溪两岸近54平方千米的范围内，盾形丘陵星罗棋布，错落有致。丘陵以沉积岩为主的基岩上，覆盖着一层深厚的风化层，并发育了较为肥沃的土壤。岩前丘陵比高100—150米，坡度＜10°的地形条件为梯田开发提供了可能性。当地人们因地制宜，在低缓处种植油菜和水稻等作物。

狮岩

在武平岩前境内的龙崆山脉中，有一岩溶地貌景观，形似猛狮朝南蹲坐，因此被人们称作"狮岩"，又叫"南岩石

狮岩是一块突出于地表的石灰岩体，在雨水的侵蚀下，内部形成了众多溶洞。

洞""南安岩""龙穿洞"。"狮子"的头部是由石灰岩构成的石山，南侧在流水的侵蚀作用下形成一处岩溶洞穴，洞口大开，形如狮子张口。从石山向北连体下来的余脉即为"狮身"。从"狮口"进去，即为能容纳数十人的主洞厅，洞内小洞相连，暗道纵横，石狮、石猴和石象等岩溶景观林立，洞内左右分别供奉着妈祖和如来佛，石壁上留有北宋丞相李

纲"灵洞水清仙可仿，南安木古佛洞居"的石刻。在狮岩前，还有一处天然泉水湖，称"蛟湖"，清澈如镜，"蛟潭涌月"成为当地的胜景。狮岩还据传是八仙之一的何仙姑修炼和得道之处，现在岩前还有何仙姑宫。

桃溪河

发源于大禾贤坑村桐子坑的大禾溪，在桃溪镇境汇集帽

村溪和亭头溪后，即为"桃溪河"，又称"桃兰溪"。"故桃溪之舟，得运上杭盐货……"这是民国时期《武平县志》中对其的描述，说明了桃溪河在武平水路交通中的重要作用。

桃溪河是武平境内第二大河流，支流除大禾溪、帽村溪、亭头溪外，还包括孔厦溪、湘店河、永平溪等，流域几乎涵盖了武平北部的全部村落。桃溪河一路流向东北，在湘店的泉坑背和吴潭之间汇入西北一东南流向的汀江，干流全长54千米，境内流域面积666平方千米，是汀江上游最大的支流之一。河流落差535米，比降大、水流急，蕴含丰富的水能资源，流域内建有桃溪水电站、梅子夹水电站、坑头水电站等一系列水利工程。

中山河

全长91千米的中山河是梅江水系的重要支流，也是武平最大的河流，又名"石窟河"，流域范围覆盖东留、中山、下坝、万安、城厢和岩前等地，集水面积达1060多平方千米，年径流量2.446亿立方米，主要包括平川河、中赤河等支流。

中山河的正源——东留溪

中山河水系示意图

发源于东留南洞境内的脑崇山东南坡，与发源于万安贤溪村当风岭的平川河在中山的太平岗交汇后，始称中山河。中山河河道最大落差达800米，上游水流尤其湍急，但下游河面宽坦，水流缓慢，众多湖泊和水库接连成片，在出境前又吸纳了源自岩前的中赤河和来自广东蕉岭的仁居河两条较大支

流。最终，在下坝的河子口附近进入广东梅州，汇入梅江。

中堡河

武平的中堡被看作是"闽西水乡"，主要得益于中堡河的馈赠。中堡河是武平境内汀江的第二支流，干流及其支流纵横交错，贯通中堡全境。中堡河于章丰大凹的山间密林间起源，汇集了来自梧地和互助的溪水，流向东南，进入中堡。途中，中堡河还吸纳发源于梁山顶东麓的一条小溪，该溪流经过羊子岗、大绩，在中心屋接纳了上坑里和梁山隔的两股清流，向东直入镇中，在中堡北侧汇入中堡河。河水继续挥流东南，于金狮礤出境，与另外一条来自袁下的小溪交汇后归入汀江干流。中堡河全长31.3千米，落差510米，比降1.63‰，流域面积124平方千米，流经之处物产丰饶。

中堡河为沿岸农田提供了充足的水源。

本区属亚热带海洋性季风气候带，温暖湿润，加之层峦叠嶂，境内森林资源极其丰富，包括南方红豆杉在内的多种珍稀树木都在此地有所分布。

地级行政单位
区/县级行政单位
▲ 山峰

全区广泛分布

南方红豆杉
香樟
蕉芋
仙人草
青竹蛇

唐代侧柏
伯乐树
福建山樱花
南紫薇
小叶买麻藤
黑鹿
毛冠鹿
扁圆吻鲴

连城巨杉
水杉
糙花杉
长苞铁杉
沉水樟
伯乐树
福建山樱花
福建酸竹
南紫薇
华南虎
毛冠鹿
飞鼠
水獭
穿山甲
中华秋沙鸭
黄腹角雉
白鹇
金斑喙凤蝶
娃娃鱼
扁圆吻鲴

北 ▲

长苞铁杉
半枫荷
亮叶桦
福建酸竹
金边瑞香
紫花杜鹃
黑鹿
水獭
穿山甲
黄腹角雉
白鹇
金斑喙凤蝶

长汀县
圭龙山黑锥林
▲ 白沙岭
连城县
天台山国家森林公园
▲ 将军山
马屋甜槠林 ▲ 狗子脑
▲ 梅花山
梅花山自然保护区
▲ 天宫山
▲ 黄连盂
漳平市
桦子洲古樟树群
半枫荷
福建青冈
福建山樱花
玉山竹
金边瑞香
▲ 梁山顶
梁野山自然保护区
武平县
上杭县
▲ 赤岩头
龙岩市（新罗区）
连花山植物园
▲ 苦笋林尖
龙眼国家森林公园

桃金娘
杉中竹
水杉
糙花杉
长苞铁杉
沉水樟
伯乐树
半枫荷
福建青冈
福建山樱花
福建酸竹
南紫薇
华南虎
毛冠鹿
飞鼠
水獭
穿山甲
中华秋沙鸭
黄腹角雉
白鹇
金斑喙凤蝶
娃娃鱼

桃金娘
糙花杉
长苞铁杉
沉水樟
伯乐树
半枫荷
福建山樱花
福建酸竹
金边瑞香
紫花杜鹃
华南虎
毛冠鹿
飞鼠
水獭
穿山甲
中华秋沙鸭
黄腹角雉
白鹇
金斑喙凤蝶
娃娃鱼

永定区

桃金娘
糙花杉
伯乐树
福建青冈
倒生竹
紫花杜鹃
水杉

闽西面积广大的森林及连绵的山地为动植物
提供了良好的生境，除长苞铁杉、伯乐树、黄
腹角雉、华南虎等中国特有种外，还有水杉、
金边瑞香、香樟、白鹇、青竹蛇诸多种类的生
物在此生长、栖息。

梅花山自然保护区

玳瑁山自东北—西南向斜贯闽西中部，主体部分落在上杭、连城、新罗三地交界处，在这一带延伸出采眉岭山脉和博平岭的众多支脉，构成梅花山将近226平方千米的总面积——南北绵延19千米、东西跨越近20千米。梅花山整体地势从西北向东南逐级降低，主峰为狗子脑，海拔1811米，平均海拔900米，千米以上高峰300余座，群峰竞秀，从高处看便有如簇簇梅花在云雾中绽放。

梅花山地质条件复杂，地貌类型多样，受海洋气流和地形的影响，年降水量1700—2200毫米，空气湿度大，年平均气温16.6—18.7℃，有明显的植被垂直变化，森林覆盖率高达89%，涵养了丰富的水源，九龙江、汀江和闽江均发源于此，梅花山因此被誉为"八闽母祖山"。诸多地理要素的有机组合构成了梅花山多层次、多类型的动植物资源并存的繁生景象，内有福建柏、观光木、南方红豆杉、黄金间碧玉竹、穗花杉、杜仲、巴戟天等40多种

稀有或濒临灭绝树木，共计1620多种植物在这里安家落户，形成了完整的以天然针叶阔叶混交林为优势物种的森林生态系统。其中阔叶树保存最多最完善，优势树种以壳斗科的甜槠、米槠为主。杉林种类较多，有成片分布的长苞铁杉林和柳杉林等，其中不乏苍天古木——"杉木王"，树高35米，胸径1.91米，已经有940多年树龄。繁茂的植被使这里成为无数动物生息繁衍的天堂，云豹、金钱豹、黑熊、黄腹角雉等340多种野生动物，金斑喙凤蝶、詹彩臂金龟、尖板曦箭蜓等2000多种昆虫以及250多种水生生物都将其当作"避难所"。1985年梅花山成为国家级自然保护区，1992年被列入世界A级自然保

护区，有"北回归荒漠带上的绿洲与基因库"之称，这里还被辟为中国华南虎繁殖中心，利用原始的自然环境对华南虎进行野化训练。

梁野山自然保护区

就像两股激流交汇碰撞起的千层巨浪一样，武夷山脉的南端与南岭山脉向东延伸的尽头在闽西的武平境内相聚，造就了峰峦叠起的山群，也正因为如此，在亚热带季风气候基础上衍生了多样的小气候环境，为不同种类的生物提供了生存条件，是迄今为止中国保持最好的天然原始森林地带之一。

梁野山自然保护区总面积达143.65平方千米，以南方红豆杉种群及观光木林、钩栲林等稀有树种的原生性森林

梅花山垂直气候差异明显，植被类型多样（上图）。保护区内的古树，胸径可达1米。

龙岩国家森林公园的地域范围涉及新罗的东肖、铁山、曹溪等地。这里原始种群保存较好，森林覆盖率达91%，其

生态系统为主要保护对象，保护区内多达1740多种植物中，共有南方红豆杉、观光木、钩栲林、金毛狗、黑桫椤、凹叶厚朴和半枫荷等20多种国家重点保护植物，仅南方红豆杉的分布面积就达近7平方千米，是中国境内目前分布面积最大的南方红豆杉种群，堪称"国宝"。保护区内的观光木群落在中国南方是首次发现，原始状态的钩栲林在其他地区也极为罕见……良好的生境条件，为大量珍贵稀有野生动物提供了理想的栖息繁

衍之地，有云豹、黑麂、野牛、大灵猫、黄腹角雉、蟒蛇等近50种国家一、二级保护动物在这里生息繁衍。此外，梁野山上还具有各种丰富的真菌、昆虫、微生物资源以及大量的药用植物和原生花卉。

龙岩国家森林公园

拥有"三山夹二谷"的骨架地形（北部的玳瑁山、中西部的采眉岭、东南部的博平岭夹峙万安溪、雁石溪两谷地）；地质构造复杂多样（主要有华夏系、新华夏系和东西

向等地质构造体系，褶皱构造广泛分布，断裂构造复杂，各时代地层均有发育，出露完整）；地势高低悬殊，这些综合因素使得梅花山南麓的南亚热带气候中具有高山气候特征，无疑会影响到区域植物种群的建构，丰富的森林植被景观与复杂独特的岩溶地貌相辅相成，造就了以森林植物多样性和地貌景观并存的龙岩国家森林公园。

龙岩国家森林公园辖区总面积约77.8平方千米，著名的龙硿洞和"江山睡美人"就位

中，东肖是其植被最茂密的区段之一。

于森林公园内。公园内的森林覆盖率高达91%，南方红豆杉、银杏、闽楠、杪椤、水杉等大量珍稀树种在这里都有分布，甚至连片成林，保存着较为原始的种群结构。从山麓到山顶，水热条件的急剧变化，使得山上的阔叶林、常绿阔叶针叶混交林、中山草甸呈现出层次分明的垂直地带性分异规律。动物区系介于东洋界的华南区与华中界的过渡地带，动物区系以各种热带—亚热带成分为主，并渗入古北界动物成分。云豹、苏门羚、梅花鹿、白鹇、红嘴兰鹊等野生动物繁多，穿行在茂密的丛林中。

天台山国家森林公园

漳平是中国南方48个重点林区之一，而拥有良好森林植被的天台山可谓是成就这个"中国花木之乡"的重大功臣。于2004年建立的天台山国家森林公园位于漳平赤水境内的玳瑁山东南坡，由天台山、大涵溪、紫云洞山及九鹏溪四大部分组成，总面积近40平方千米。

海拔1478米的天台山和源于此的九鹏溪就像生物体的骨架和血脉，构成天台山国家森林公园生机勃勃的机体。该区域属亚热带季风气候，光照充足、雨量充沛，平均年降雨量1850毫米左右，良好的生境条件使森林资源较其他地区更为丰富，森林覆盖率达90%以上。保存有包括亮叶小蜡树林、古樟树林等约67万平方米的原始林，有1300余种植物遍布于森林公园内，水松、银杏、南方红豆杉、三尖杉、沉水樟、黄山木兰、金毛狗和花榈木等20多种国家珍稀濒危植物都

西普陀森林覆盖率近90%（上图），古藤（下图）、梅林等分布相对集中。

有不同数量的分布，尤其是核心区山顶的大面积野生杜鹃林，成为天台山国家森林公园的标志性地物。植被的多样性和系统的完整性，为云豹、黑熊、猕猴、苏门羚、娃娃鱼等野生动物提供了理想的栖息之地。

西普陀

与名闻天下的舟山东普陀山和厦门南普陀山相比，上杭西普陀像是养在深闺中的小家碧玉般鲜为人知。与上杭县城仅一江之隔的西普陀，南临粤东，北近赣南，以海拔1003米的玉金顶为中心，一直向外扩展了18平方千米，是上杭国家森林公园的重要组成部分。

因所在区域为亚热带季风气候，夏无暑热，冬无严寒，年平均降水量2100毫米，温暖湿润的气候条件和复杂的地形结构共同作用，为动植物在这里繁衍提供了温床。福建柏、长苞铁杉、香樟、木兰和金毛狗等数百种林木覆盖着西普陀近90%的面积，包括福建最大的枫树林，面积约2万平方米；此外，出产梅干的梅林、遒劲互缠的古藤均相对集中分布，自成一园；猫头鹰、白鹇、苏

漳平的气候和土壤条件适宜樟树的生长，如今桦子洲公园内的古樟树群仍枝繁叶茂。

门羚、红腹角雉、蟒蛇、猕猴等360多种国家保护野生动物时常出没其间。与资源宝藏相辅相成的，是西普陀作为一个佛教文化圣地而远近闻名，文化渊源十分深厚。

莲花山植物园

因"在怪石丛中有若莲瓣"而得名的莲花山，位于龙岩城南郊约2000米处，山上大树参天，花繁草茂，多有山溪飞瀑发育。以莲花山为主体构成的莲花山植物园，是一处以年代久远的天然次生林和人工林为主要群落的植物聚集地。由于光照垂直分配的差异，苦槠、香樟、短刺栲、马尾松、福建柏、麻栎、楠木、檫木和细叶榕等近百个树种，以及格氏栲、柳杉、罗汉松和沉水樟等高大乔木构成植物群落的第一层，享受着充足的阳光；其下则为名类繁多的灌木丛以及藤萝缠绕的低矮阔叶树种，阳光透过乔木树冠，散落下来的斑驳碎片就是这第二层植被进行光合作用的光源；第三层是草类的天下；最底层的地衣和苔藓等植被像绿茸茸的地毯，铺就于岩石之上。这庞大的针、阔、灌、竹、草混交的天然植物群落使得莲花山植物园在展现绿意的同时，也成为闽西研究植物地理分布规律的资源宝藏。

桦子洲古樟树群

在漳平桂林九龙江畔的桦子洲公园内，生长着百余株已有300多年历史的国家一级保护古树——古樟树，平均树高27米、平均胸径78厘米，遮天蔽日，四季常青。这些存活良好的古樟树得益于这一带优良的气候和土壤条件——桂林属亚热带季风气候，年降雨量在1450—2100毫米之间，年平均气温16.9—20.7℃，全年温和湿润，再加上九龙江冲积形成的细砂土土质，使得古樟树在这里找到一片生存乐土。超过300年树龄的单株古樟树已不多见，因此桦子洲古樟树群被誉为"活的文物"和"绿色古董"。

建群种 指森林植物群落中在群落外貌、土地利用、空间占用、数量等方面占主导地位的树木种类，可以是乡土树种，也可以是已适应引入地自然条件的外来种，它们在增进群落的稳定性、展现当地森林植物群落外貌特征等方面都有不可替代的作用。根据建群种的单一性或多样性特征，各群落又可分别称为单建群种群落或共建群种群落，如在闽浙山丘的中亚热带常绿阔叶林中，青冈、苦槠、甜槠、木荷、栲树、细柄蕈树、杉木等均为建群种，构成共建群种群落。图中集中生长的杉木林，由于在该群落中占有数量上的优势，即可被视为该区域中的建群种。

圭龙山黑锥林

武夷山脉南段尾闾延伸至长汀境内，大多依势隐没于低山丘陵中，因此海拔1036米的圭龙山就显得格外醒目，这里也是长汀动植物资源最为丰富的地区。以中亚热带常绿阔叶树为主要保护对象的省级自然保护区——圭龙山自然保护区就坐落于此。保护区内珍稀特有树种繁多，如黑锥、伞花木、南方红豆杉、福建青冈、悦色含笑等，其中天然黑锥林最具有代表性，也是圭龙山自然保护区的核心保护对象。

黑锥，又称黑栲，为常绿乔木，是福建独有的珍贵树种。因果实风味类似于板栗，可煮可炒，是一种受群众喜爱的干果，因此又被称为"粮食树"。闽西地区的黑锥多零星分布，数量不多，尤其是高龄黑锥更为罕见。但圭龙山成片分布的黑锥林，面积高达66万平方米，是福建目前面积最大、保存最完好的天然黑锥林群落，树龄多为数十年甚至上百年。

马屋甜槠林

作为一种优质木材林，甜槠广泛分布于长江流域以南海拔1000米以上的坡地，是中亚热带常绿阔叶林的主要建群种之一，属于壳斗科栲属树种。虽为建群种，但甜槠林的分布却相对比较分散，能像马屋甜槠林这样大规模集中成片分布的情况实为罕见。

马屋甜槠林分布于上杭步云蛟潭村马屋，是闽西目前发现的最大一片甜槠林，平均树高可达23米，最高的近26米，胸径多在50厘米左右，最大

闽西有丰富的竹类植物，麻竹、毛

的有108厘米，需要2个人才能合抱，被当地百姓誉为"甜槠王"。马屋平均海拔1200多米，这也是闽西甜槠林分布的最高界线。之所以能在此处出现大片的甜槠林，主要得益于其地理环境——地处迎风坡之上，水热条件较同海拔地区更为优越，使得甜槠林能在此生长良好。在马屋甜槠林内，还分布有一系列伴生树种，红楠、长苞铁杉、薯豆和兰果树等珍贵树种和优质林木随处可见。

汀江麻竹林

素有"竹中之王"美誉的麻竹属于南亚热带竹种，因叶大且通体墨绿，又称"大叶乌竹"，成年麻竹可高达25米。麻竹为热性竹种，不耐寒，主要分布于海拔200—600米的低山溪谷地带。与闽西生长在海拔600—1600米中山地带的暖性竹种和海拔1600米以上中山坡地的温性竹种相比，麻竹更喜欢相对湿热的生境条件。

闽西东南部的汀江下游、九龙江流域两岸的河谷和丘陵地带夏季高温多雨，冬季冷空气受地形阻挡难以到达，温暖湿润的气候使麻竹分布较广，构成生长集中的汀江麻竹林。

竹等漫山遍野。图为玳瑁山南段山岭的毛竹林。

桃金娘为低矮的常绿灌木。

相对于广东、广西、贵州、云南和台湾等主要分布区域，这里已经是麻竹自然状态下集中成片分布的最北界线。因生长快、笋期长、产量高，麻竹既是当地重要的经济作物，又是荒山绿化、防止水土流失的理想植物，因此在闽西东南的江河两岸、荒滩和荒坡都有广泛的栽培，单上杭城关到南蛇渡40多千米的江岸上，就种植有麻竹3万多株。

桃金娘灌丛

每至夏初，桃金娘由白色变为粉色的花朵在翠绿革质的厚叶衬托下次第绽放，接连成片，如花毯铺地。在亚热带的低山丘陵地区，常能见到这种株高1米左右的低矮常绿灌木。闽西境内海拔400米以下的向阳坡地带，喜好这种阳光充足、温暖湿润和酸性土壤环境的桃金娘群落便是一大景观，尤其在永定茫荡洋一带最为多见，形成高60—100厘米、盖度30%—60%的桃金娘灌丛，这种常绿阔叶灌丛中常伴生有小叶赤楠以及其他草本植物。因为具有对生长环境要求低，成活率高的特点，使桃金娘成为南方低山丘陵山坡复绿和保护水土的首选植物，在新罗、永定、上杭东南等地分布都极为广泛。

连城巨杉

在森林覆盖率近63%的闽西境内，不乏银杏、南方红豆杉、桫椤、柳杉和长苞铁杉等多种珍稀名贵树种。这其中既有逃过第四次冰期的孑遗古树，也有树龄高达几百年甚至上千年的巨树。在众多巨树种类中，巨杉以数量多、树龄长而极具代表性，闽西境内胸径在1米以上的杉木就有18株，分布在连城、武平、上杭、长汀等地。杉木是中国特有的速生用材树种，主干通直圆满，喜温暖湿润且静风的生态环境，尤其是以年均温16—19℃、年降水量1300—1800毫米的红黄壤和山地黄壤坡地为最佳生境条件。

在连城曲溪罗胜村甲沟坑海拔1200多米的高山上，自然条件适合杉树的生长，现有2株种植于宋天圣二年（1024）的巨大杉木，树龄990多年，较大的一株，胸径1.91米，树高达34.8米，材积量31.6立方米；另一株胸径稍小，只有1.38米，但树高达36米，材积量近22立方米。两株巨杉尽管历经近千年的风雨洗礼，仍枝繁叶茂，擎天蔽日，有"杉木之王"之称。

南方红豆杉

由白垩纪遗留下来的古老裸子植物——南方红豆杉，经过亿万年的环境变迁，现如今已是凤毛麟角，只零星散布在南方亚热带常绿阔叶林中。南方红豆杉俗称红豆杉、紫杉，为常绿乔木，雌雄异株，种子扁卵圆形，球花单生，3—6月开花，

11月种子成熟。因生长速度极为缓慢，天然更新困难，所以数量稀少，且枝、叶均可用来提炼出比黄金价格还高出180倍的治癌良药"紫杉醇"，因此被列为国家一级保护树种。

在闽西境内，漳平、武平、连城、永定、新罗、长汀和上杭均有南方红豆杉分布。相比之下，又以上杭分布最为广泛，仅上杭步云崇头村，在82万平方米范围内就拥有3000余株古老的南方红豆杉树。这些南方红豆杉的树龄多在600—1000年，平均胸径超过1米，其中最"长寿"的一株高达30米，胸径达2.03米，要5人才能合抱。温暖潮湿的环境是南方红豆杉的最佳生境条件，而上杭的原始森林里分布有大量的山毛榉、甜槠、栲类等阔叶树种，尤其在向阳坡段，既有其他高大乔林遮阴，又有充足的热量，成为南方红豆杉生长的最佳区域而形成国内少见的南方红豆杉林。目前，上杭步云已经建成中国唯一的南方红豆杉生态园。

唐代侧柏

中国是侧柏的故乡，也是侧柏的唯一自然生长地，北起吉林，南到广东和广西都有天

本区气候温暖湿润，是连体南方红豆杉（上图）、唐代侧柏（中图）、千年水杉（下图）等古树得以存活至今的原因之一。

然侧柏广泛分布，因其寿命可长达5000年，所以侧柏自古就有"百木之长"的美誉。侧柏主干通直，鳞片叶，是枝形端庄且带有香气的常绿乔木。

闽西虽然已接近侧柏分布区的南缘，但仍有不少古木大树。在长汀试院就有2株树龄超过1200年的侧柏幸存，这2株侧柏均栽于唐大历年间，因此被称为"唐代双柏"。树高10多米，树干粗大，需3人方能合抱。现今2株侧柏仍枝繁叶茂，无论从树龄还是树高角度而言，2株唐代侧柏在闽西乃至福建都实属罕见。另外，在新罗、武平湘店湘洋村等地，也都有千年以上树龄的侧柏幸存。

杉中竹

新罗小池境内黄连盂海拔1000多米的山腰上，生长着一簇杉中竹。这杉中竹并非在杉木林中生长的毛竹，而是寄生在杉木树体内的一簇毛竹，可谓真正的"胸有成竹"。竹子寄生的母体，是一株高18.2米、胸径近2米、树龄超过600年的古杉树，因早年遭遇雷击后，树心出现了一段较大的中空，但古杉仍然继续顽强生长。中空的树心里有一根毛竹

茁壮生长，竹根依靠中空内腐烂的树干残渣和随雨水滞留下来的泥土作为养分来源，汲取积留在树洞中的雨水，甚至伸入到杉木树体中吸收水分和养分，繁衍出10余根毛竹，高度七八米，杉与竹和谐相连，呈现出"杉竹一体、杉中有竹"的自然奇观。

水杉

早在中生代白垩纪，水杉就在当时还比较温暖湿润的北极圈存活，并随着气候条件的变化逐渐向南扩展，最终遍及整个北半球。但出现于新生代第四纪的大冰期像一场浩劫，繁盛一时的水杉无法抵挡冰川的袭击，开始从地球逐渐消失。幸运的是，当时中国不像欧美地区那样被整块巨冰覆盖，而是零星地分散着一些山地冰川，为水杉保留了一些"避难所"，水杉才得以在川、鄂、湘的等极少数的山沟地带存活下来，成为世界上珍稀的孑遗植物。后来通过移植栽培等形式，水杉的分布范围才逐渐扩大起来。水杉树干高大通直，可达40米左右，而且生长速度快，性喜温暖湿润和冬暖夏凉的气候条件，是亚热带地区优良的用材树种。又因与银杏同为"活化石"，水杉对于研究古气候变迁和古地理演化等都有重要意义。

闽西境内发现水杉是在20世纪50年代以后，在永定、新罗和连城等地陆续发现残存的单株高龄水杉甚至成片的水杉林。规模最大的一处在连城曲溪冯地村的，数量达上百株，树龄均在百年以上；而位于新罗雁石苏坂村海拔1591米的莲台山凹朝天湖边，在由柳杉、闽楠、南方红豆杉、沉水樟和福建柏等几十种珍稀名木构成的杂树林中，还发现一株树高30多米、胸径1.5米、树龄超过千年的巨大水杉，成为中国的"国宝"植物。

穗花杉

在永定、上杭、连城和新罗等地海拔500—1000米的坡地上，常会见到长有穗状花的观赏类常绿小乔木或灌木——穗花杉。它属阴生树种，多生长在亚热带常绿阔叶林中。成树通常高7—10米；叶面深绿，

穗花杉叶子呈狭长状，叶面光滑发亮。

表面呈革质；花期在4月上旬至5月上旬前后，球状小花交互对生，排成6厘米左右长度的穗状；种子呈椭圆形，成熟时种皮呈暗红色，带有光泽。

穗花杉在中国分布范围较广，北至暖温带、南到热带都能生长。但因气候差异，暖温带仅局限于在较暖的地区呈零星散布；热带则分布在垂直带谱上；亚热带尤其是中亚热带与南亚热带则分布集中。闽西中低山地冬季温凉、夏季湿热且雨量充沛，土壤为酸性红壤和山地黄壤的自然特征正是其最佳的生境条件，因而穗花杉生长相对集中，在区内各乡镇都有发现。然而由于遭砍伐过度，且本身生长缓慢，种子有休眠期，易遭鼠害，天然更新能力较弱，穗花杉已经很难形成种群，多为单株散布，为国家三级保护植物。

长苞铁杉

长苞铁杉为中国特有种，

仅分布在福建、湖南、广东、广西和贵州等亚热带气候区，但其生态幅狭窄，因而种群数量稀少，属国家二级保护植物。

在闽西地区，长苞铁杉主要见于梅花山海拔700—1100米的中低山地，这里年平均温度17.5℃，年平均降水量1750毫米左右，冬季温和夏季凉爽是长苞铁杉的最适宜生境条件。在武平、连城、上杭、新罗等地，也发现了长苞铁杉形成的纯林或伴生于甜槠、木荷、青冈等树种组成的针阔混交林中。其中连城赖源邱家山

有3300多平方米的成片长苞铁杉林，新罗江山的天然长苞铁杉林多达67000平方米，上杭古田会址后山的36株长苞铁杉，平均树高30米，最大的一株高48米。

由于对生境条件要求较低且适应能力强，长苞铁杉在海拔300—2300米的山脊或向阳地带的石山区和土层较薄的岩隙内均可生长，在雨量充沛且土层肥沃的地区长势更好。长苞铁杉是高大乔木类中的优质用材树种之一，但植株生长缓慢，竞争能力相对比较弱，自然状态下更新困难，目前许多

分布点的建群数量都在急剧下降，甚至仅存残株。

香樟

香樟属于亚热带常绿阔叶树种，在长江以南地区分布广泛，在福建境内是典型的乡土树种，闽西全境均有种植，从庭院、街道一直到海拔500—600米的山地随处可见。香樟喜温暖湿润气候和酸性或中性土壤，不耐干旱。闽西年平均气温18—21℃，平均降水量1000—1400毫米的自然地理特征正符合香樟的生境要求，尤其在土壤肥沃的向阳山坡、山

香樟树树形优美，固土防沙能力强，是闽西常见的绿化树种。

间谷地和河岸平地，长势良好。闽西山区香樟人工造林有较大面积的发展，如武平已建成的香樟工业原料林有10多平方千米。

香樟的别名比较多，有木樟、乌樟、芳樟、番樟等，成树可高达50米，树龄上千年。香樟的根系发达，但是遇到硬物就会停止生长或转向其他方向延伸，这种不会破坏建筑物的根系发育特性是香樟被广泛用于城市绿化的主要原因之一。作为典型的常绿树种，香樟的落叶时间与众不同——要等每年春天新叶长出来以后，老的叶子才落地，所以一年四季，苍翠蓊郁。闽西民间常把香樟视为长寿、吉祥的风水树，因此龙岩等很多城市都把它选为市树。

沉水樟的叶和果实。

沉水樟

沉水樟属于常绿乔木类，材质结构细密，坚硬结实，比普通木材要重得多，可以沉入水中，并因此得名。沉水樟高可达40米，胸径1.5米左右，外形与香樟相差不大，只是树叶和果实稍大一些。除材用以外，沉水樟也可用于提取芳香油，有较高的经济价值。

作为中国特有种，沉水樟分布于浙江、福建、江西、湖南、广东、广西以及台湾等地，在海拔较低的山坡和山谷常绿阔叶林内，或在湿度较大的溪水边均有少量散状分布。闽西冬季温和夏季暖热、雨量多湿度大的自然条件适宜沉水樟的生长，上杭、连城、长汀等地均有散布，但由于沉水樟生境除要求温润的气候条件外，还要求土层深厚、土壤肥沃，所以成林较少，在闽西境内仅见于梅花山自然保护区海拔700—800米的山地。

沉水樟从大陆到台湾的分布呈现出明显间断的特点，也就是说在上述提到的省份区域内，规律性地出现了沉水樟分布的空白区。尽管这些空白区的自然条件也符合沉水樟的生境要求，却几乎找不到一片沉水樟林，甚至连单体也难得一见。如此特殊的分布形式，对研究植物地理区系有着重要意义。同时，沉水樟

是自花授粉植物，雌雄花发育成熟期不一致，因而结实率很低，种子空壳率高，发芽低，这也使它数量极少，几乎见不到建群的状况。沉水樟为国家二级保护植物。

伯乐树

伯乐树是一种古老单种科和残遗种，为国家一级保护植物，因花萼酷似铜铃状的小钟，因此又名"钟萼木"。作为中国特有种，它主要分布在南岭山脉、雪峰山和武陵山脉等第四纪冰川影响较小的地带，喜好水热充足的温湿环境。在云南、广西、广东、江西、浙江、湖南、贵州、湖北、四川等地均有发现，但个体数量极少。在闽西地区则主要见于连城的赖源、城关和五寨以及圭龙山、梅花山等海拔1000—1500米的山间沟谷等土壤肥沃、气候湿润的地方，在永定、上杭等地由甜槠、青冈、观光木、银杏和楠木等组成的常绿阔叶林带内，也偶有发现。其中分布最集中的区域当数梅花山自然保护区内的圆树凹、大山坑等地，其分布状况对于研究梅花山区的古地理和古气候具有重要的科学价值。

正常情况下，伯乐树3年

才开一次花，但在武平梁野山自然保护区内，却有一株十分奇特的伯乐树，它的外表与其他植株并无明显不同，但每年都能开花，而且最多时能达数千朵，仿佛一个个粉红色的"小钟"迎风而动，摇曳生姿。

半枫荷

在一株植物上，居然天然生有两种形状完全不同的叶子——一种呈掌状分裂，形如枫叶；另一种没有分裂，叶缘带有均匀锯齿，貌似荷叶。这两者之间的比例和组合毫无规律，只是在每一枝上，有"枫"必有"荷"，有"荷"必有"枫"。这种奇怪的植物就是半枫荷，"一树两叶"是半枫荷的最大特点。

半枫荷是人们于1962年发现的，属中国特有种，它适宜在南亚热带气候中生存，少数地区延伸到热带，主要分布于福建、台湾及两广地区海拔950米以下的山坡、平地、丘陵的疏林

半枫荷同时具有分裂及不分裂两种形状的叶片。

或密林中。闽西为典型的亚热带季风气候，降水量充沛，温度适宜，有适合半枫荷生长的条件。在新罗采薇山、上杭步云桂竹坪、漳平永福、新罗梅花山、武平梁野山等土层深厚肥沃、气候湿润、排水良好的酸性土壤条件下都有生长良好的半枫荷，但均为单株。然而，由于其本身更新繁殖能力较弱，并遭到人类的过度采伐，现存的半枫荷数量极少，为国家二级保护植物。

闽楠

闽楠属于高大常绿乔木，国家三级保护植物，零星分布于青冈、丝栗栲、米槠、红楠及木荷等混生的中亚热带常绿阔叶林带中，在福建、浙江、四川、贵州、湖南、湖北和江西等地海拔1000米以下的沟谷、山洼、山坡下部及河边台地常见。

在闽西，除年降水量在1200—2000毫米、平均气温18℃左右温暖湿润的环境中偶有小面积的成片天然闽楠纯林外，境内多为栽种的人工次生林，在排水条件优越、土层深厚的阴坡和阳坡的山麓

闽楠侧枝细短，叶子为光亮的革质。

地带长势良好。作为耐阴树种，闽楠的成树高达40米左右，胸径1.5米，在初期生长速度缓慢，特别是幼龄期多隐伏在阴暗的杂木林中，但一般生长到60—70年后进入快速生长期，顶端优势开始显现，形成主干挺直、侧枝短细的尖塔状浓密树冠；进入百年左右的壮年期后，生长速度又明显减缓，侧枝开始明显向外扩展，形成伞形树冠，所以有经验的林业工人可以根据树冠的形状初步断定闽楠的树龄。由于闽楠对气候和土壤等条件要求较高，因此缺乏种群优势，现存的天然闽楠已经不多。

福建青冈

福建青冈又名"黄槠"，与青冈同属于青冈属，但二者有明显差异。青冈俗称"气象树"，对气候条件敏感，叶片中所含有的叶绿素和花青素的

比例会在不同的天气条件下发生变化，是亚热带分布最广泛的树种之一。福建青冈也是亚热带树种，但其分布范围要小得多，原为福建特有种，现在通过人工引种，在广东、广西、湖南、江西等地也都有栽种。

福建青冈通常在海拔900米以下的河边台地、山坡和沟谷内与甜槠、苦槠、石栎和木荷等树种混生，对气候、地形等立地的要求不高，适应环境能力强，在酸性土壤中也可以生长良好，在闽西广大的低山丘陵，尤其是石灰岩山地比较常见，漳平、永定和新罗等地都有分布，但多为散生。福建青冈材质细腻，坚硬耐腐，材面纹理流畅美观，是珍贵的建筑用材树种之一。

亮叶桦

灰绿色的树皮上零星点缀着分布不均的灰白色斑点，除偶尔的龟裂以外，整个树干之上都较为光滑，所以亮叶桦又称"光皮桦"。亮叶桦的成树高达35米，树皮及枝皮有香气；叶片大小与枇杷叶相近，只是边缘呈细密锯齿状，叶脉羽状对生，背面稍有突起；果序单生，圆柱形。亮叶桦广泛分布于华东和西南地区，属于

亚热带少有的落叶乔木，常与松和栎等喜光树种共同生长，形成混交林。因生长快而耐干旱贫瘠，在火烧迹地、采伐迹地等其他林木较难生长的地方，亮叶桦能较快地形成次生林；在较为肥沃的酸性土壤中、气候温暖湿润的山沟河谷及向阳的坡地上，长势更盛。亮叶桦在闽西主要见于武平梁野山自然保护区内海拔800—1900米的山坡。此外，在新罗、连城和上杭等地也有少量分布。

亮叶桦的树皮较为光滑而带光泽，因而又被称为"光皮桦"。

福建山樱花

与日本樱花相比，福建山樱花开花要早一些，在早春刚刚萌发嫩叶时花蕾便开始孕育，开花时间会持续2—3个月。其花朵倒垂于细长的花梗上，底部为钟形花萼，多枝花梗簇拥在一起，形成大团花球。花盛开时布满枝杈，花瓣桃红色或绯红色，极为浓艳，因此福建山樱花又称"绯寒

福建山樱花的花朵形如绯色小钟。

樱""绯樱""钟花樱"。其树皮黑褐色。叶纸质无毛，叶片由前端逐渐变宽，呈卵形至长椭圆形，边缘密生重锯齿。

福建山樱花主要生长于福建、台湾、广东、广西、浙江等南方中低山地和丘陵，属于中国原产的落叶乔木中的蔷薇科李属植物，是地区性保护的珍稀树种。闽西地处典型的亚热带季风气候区，终年温暖湿润，自然生境良好，在漳平、连城、长汀等地福建山樱花有广泛种植，尤其梅花山和梁野山的坡地都有成片的混生福建山樱花林。由于福建山樱花比日本樱花更具适应性和抗逆性，易于栽种驯化，非常适合园林造景或用作道路景观树。

福建酸竹

在福建海拔500—1000米的山地和丘陵上，常常能见到与灌木、马尾松和冷杉等混生

或单独构成成片纯林的福建优势竹种——福建酸竹。闽西主要在中南部有分布，这里兼具南亚热带和中亚热带气候特征，年平均气温19℃左右，冬夏温差小，年降水量1600—1900毫米，终年湿润，土壤呈微酸性，适宜福建酸竹的生长，梁野山、梅花山和武夷山脉南段等地都有小面积的分布，上杭有成片纯林。

福建酸竹一般可高达6.5米，直径3—5厘米，植株翠绿挺拔，质地坚硬，竹节下部表层覆盖有霜状白粉。其地下茎为单轴型，在雨量充沛和热量稳定的条件下，可迅速向四周蔓延扩大，并长出新枝。每年四五月份，福建酸竹即会出笋发芽，产笋期可持续40天左右，笋叶不涩不麻，甘甜可口，所以又称"甜笋竹"，营养价值高，是笋材兼用的竹种之一。福建酸竹为浅根系植物，根系总重大，移栽时易受损，所以人工造林的成活率不高，除散生在路旁和住宅区内的少部分以外，闽西大部分地区现存的福建酸竹多半处于野生或半野生状态。

玉山竹

玉山竹原产于台湾玉山山脉海拔1000—3000米的山地，是迄今为止世界上发现的形态最小的竹子种类。在野生状态下，玉山竹成竹一般高度不足1米，直径约1.5厘米。生长初期多为单株，多年后可形成丛林。竹林可高至两三米，一般竹节长10—30厘米，中部稍粗于两端竹环，隆起成花瓶状，下部外表覆盖有灰白色粉末。叶片则呈条带状下披，有纵向肋纹，终年翠绿。玉山竹对生境条件要求不高，在亚热带、温带的湿润区域都可以生长，喜温凉，适应性强，目前在福建、贵州、云南等地都有广泛

福建酸竹是福建特有竹种，多野生于荒山丘陵，植株较毛竹细小。

竹节如花瓶状的玉山竹。

栽种，主要用于盆景和园林绿化，但野生玉山竹不多见。在亚热带气候典型的闽西地区，热性竹种类繁多，如玉山竹一类的温性竹类较为罕见，目前境内除人工栽种以外，仅在漳平紫云洞山和苦笋林尖山顶有少量野生玉山竹分布。

倒生竹

在永定茫荡洋山区的沼泽湿地上，有一种罕见的竹子，叫"倒生竹"。乍一看，这个名字会让人误以为是倒过来生长的竹子，实际是指它的形态与下粗上细的普通竹子恰恰相反——其下端细小、上端粗壮，看上去好像倒插在地上，就连竹节也是朝下的，所以又被称为"倒插竹"。其竹枝通常自然下垂弯曲后再向上生长，节与节之间较均匀，基本等长，且质地坚硬。

这种竹子一般在每年的四五月份长出拇指粗细的新笋，如果雨热条件适宜，新枝在几个月内就可以长到2—3米高，但此后生长速度就日益缓慢。倒生竹喜生在终年温凉湿润的环境中，兼具亚热带气候与高山气候的生境最为适宜。也正是由于立地要求特殊，倒生竹的分布范围相当狭窄——除茫荡洋山区外，其他地区很少发现天然的倒生竹林。单株的倒生竹比较少见，多为50—70株聚为一簇，形成密不透风的"竹墙"。

需要说明的是，关于倒生竹的品种归属和形态成因等，植物志并无相关记载，目前有待生物学界进一步考证。

金边瑞香

坐拥古人"牡丹花国色天香，瑞香花金边最良"的赞美，同时集"色、香、姿、韵"于一身的，是一种名为金边瑞香的小型灌木，为瑞香的变种，又称蓬莱花、风流树，属观赏价值极高的名贵花卉，与长春产的和尚君子兰并称为"园艺双绝"。

每年春节前后，金边瑞香便次第开花，颜色绯红，花形四瓣对生，包围着金黄色的团状花蕊；每枝上多达10余朵花，彼此相互簇拥，花期长达2个月之久，花香浓郁。革质叶片呈披针形，轮生椭圆形，呈深绿色，带有鲜亮的光泽，最为奇特的是叶缘镶有金色条边，"金边瑞香"因此得名。金边瑞香原产于长江流域，在闽西境内多见于漳平永福、上杭古田、武平庙前等地，均为人工种植。由于其肉质花朵不耐雨淋和日晒，只有在排水良好的疏松且略呈酸性的土壤中长势良好，所以在闽西主要集中分布于山沟、河流阶地等阴凉湿润地区。除观赏价值外，金边瑞香全株均可入药，其中所含的瑞香苷成分具有消炎止痛、活血祛瘀的特殊功效。

镶有金色条边的金边瑞香叶及其桃色花朵。

南紫薇

原产于中国南方亚热带地区的南紫薇，又称九芎、九荆、拘那花和苞饭花，自古就有悠久的人工种植历史。早在宋

南紫薇的花呈白色，叶片表面有光泽。

代，当时还被称为"拘那花"的南紫薇已作为观赏兼建材的优良树种在各地广泛培植。闽西境内气候温暖湿润，土壤呈微酸性，适宜南紫薇的生长，尤其在土层深厚、土质肥沃、排水良好的向阳坡地和山麓地区长势良好。在新罗、长汀、连城等山地丘陵都有人工栽培的南紫薇片林。它属于落叶小乔木，高2—8米，最高可达14米，树皮多呈灰白色和茶褐色，表面光滑——据说连猴子都会从树上滑落下来，因此南紫薇引种到日本后被人们称作"猿滑"；它的叶片为卵形或椭圆形，表面有光泽；花期可达2个月左右，白色小花密生在一起，花丝细长，7—10月落花成果。

南紫薇材质密致而坚韧，可作为枕木和房屋立柱之用，也是上佳的薪炭原料之一，清康熙年间的《台湾府志》就将南紫薇称为"最好的柴薪树木"。因为环境适应性强，在干旱和贫瘠的自然条件下可以生长，南紫薇也是闽西保持水土的首选树种之一。

紫花杜鹃

早在唐代，中国就有栽种杜鹃花的历史。在漫长的历史进程中，由于环境的不断变迁以及人为干预等因素影响，杜鹃花产生变异并衍生出多个优良品种，紫花杜鹃就是其中之一。紫花杜鹃学名"岭南杜鹃"，仅分布在中国南亚热带地区。闽西气候湿润，雨热条件优越，尤其永定、上杭、武平等地因具备南亚热带的气

候特征，是紫花杜鹃的适宜生境，在海拔300—1200米山地和丘陵向阳坡的疏林或灌木林中多见，武夷山脉南段海拔500米左右的常绿阔叶林中生长相对集中。

紫花杜鹃属于低矮半落叶灌木，具有生长快速、适应能力强的特点。植株高度一般在1—3米；枝权浓密，新枝为棕红色，之后转为灰褐色；叶片椭圆形、革质，一侧浓绿，一侧灰白，边缘轻微外卷。紫花杜鹃通常在三四月份开花，花呈丁香紫色（紫堇色），花朵簇生形成伞形花序，密布在枝干末端。花盛时期，满树紫花甚至会将刚刚萌芽的绿叶掩盖其中，远看就像一个大的紫色花球，煞是醒目。另外，紫花杜鹃的花、叶和嫩枝中含有镇咳的成分，入药可有效止咳祛痰，临床多用于治疗气管炎等。

蕉芋

蕉芋又称"蕉藕""姜芋""番芋"等，原产于西印度群岛和南美洲安第斯山脉，喜水耐湿，20世纪中期始引入中国长江以南一带。闽西种植较为普遍，多种于阴湿低地及沟边、河旁的湿润地区。

蕉芋属于多年生草本植

物,植株高度2—3米,直立粗壮;叶片呈椭圆形,长50厘米左右、宽10—20厘米不等,翠绿色叶片边缘及背部略呈淡紫色;夏季为蕉芋的开花盛期,前后可持续几个月时间,花形硕大,肉质,呈深红色,一茎多花,排列成总状花序;块根丰腴肥大,并且可以萌发新芽。由于不需要额外的肥料,也极少发生病虫害,栽培粗放。在庭前院后,田间地

蕉芋极易生长,叶片硕大而花色娇艳(小图)。

头,甚至山坡、荒地随便埋下几颗根茎,便会繁衍成片。成熟块根可以直接蒸食,用蕉芋淀粉做成的粉条韧性好,常为待客或年节食品。蕉芋也可以酿酒,茎和叶的纤维还可用于造纸,植株也多用于园林绿化和庭院装饰。

小叶买麻藤

小叶买麻藤属藤本植物,但比一般的藤本植物要更粗壮,且攀爬能力更强,通常可以长得和所依附的树体一样高,并紧紧地缠绕着树身,攀升至高处时,不仅能通过压断树枝的方式为自己争取阳光,其触须还能从树干中汲取营养,直到将大树的精华"吸干"并致其死亡。待到大树腐烂后,麻藤还将继续吸收其全部的有机肥料,再"另攀高枝",因此它一向被称作"植物杀手"。

小叶买麻藤有呈腰形的果实,即麻藤苞,是闽西地区最受欢迎的野果之一。成熟后麻藤苞为橘黄色,丰满肥厚,可食用也可榨油。有意思的是麻藤苞多半是两只对生,从一根枝条上垂下,倒挂在麻藤上很像公牛睾丸,因此被当地人称为"牛哈卵"。摘到麻藤苞并不是一件容易的事,一来并不是每株麻藤都能结果,而果熟时又常被鸟啄食;二来麻藤苞通常都会长在比较高的地方,采摘困难。

叶片对生的仙人草。

闽西属于亚热带季风气候,大部分地区年平均气温为18℃,年降水在1600毫米左右,雨热充沛,适合湿热性的麻藤生长,因此在汀江上游海拔200米以下的谷地、武夷山脉南段丘陵等地区的常绿阔叶林中常有小叶买麻藤到处攀爬的身影。其韧性较好,长到拇指粗就可以直接充绳缚物,更粗的可以做成缆绳,且结实耐磨,还可以抗水防腐,在闽西百姓日常生活中发挥着不小的作用。

仙人草

传说福建曾有人为医治中暑的母亲上山采药,自己也中暑倒在山上,醒来后发现旁边植物形成天然冻块,吃下去竟暑气顿消,于是把这种植物带回家做成冻块把母亲也治好了。此后,人们就把这种植物称作"仙人草"。

仙人草即通常所说的凉粉草,属一年生草本宿根植物,多成簇而生,根系发达,再生能力极强,一年栽种,可以连续收获16年以上。仙人草的株体不是直立朝上,而是匍匐在地面

横向延伸，长度可达1米左右，叶片呈对生，卵形或近圆形，秋末盛开白色或微红色花朵，落花后生成圆形坚果。较潮湿的热带亚热带山区，尤其是中国西南部和南部是其主要生长地。在闽西地区的沙地草丛中或山间溪流旁等土质疏松、肥沃阴湿的地方，通常有仙人草分布。

作为一种药食两用的植物，仙人草整株的干样中含有70%的碳水化合物和少量蛋白质、脂肪，枝叶加水煎汁后可制成凉粉和凉冻，成为闽西夏季消暑解渴的最佳食品之一，植株中含有黄酮类物质，具有抑制癌细胞生长、降低血压、抗衰老等功效。在《本草纲目拾遗》里，较为详细地记载了仙人草。

华南虎

华南虎又称"中国虎"，是中国特有的虎种，主要生活在中国中南部地区。据统计，目前包括野生华南虎和笼养华南虎在内，总数不足百只，为国家一级保护动物。

华南虎属食肉动物，密林和野草丛生的地方是其最理想的栖息场所。它没有固定巢穴，活动区域特别大，喜欢

华南虎是体形最小的虎亚种，但被认为与原始虎的关系最近。

单独行动，常常昼伏夜出，尤其在晨昏时间活动最频繁，主要捕食大型食草类动物，善于奔跑和游泳，视觉和听觉极为发达，动作迅速敏捷，而且几乎不出声响，这些特征是华南虎捕食其他动物的最大优势。与东北虎只在冬季发情不同，华南虎全年均可交配，孕期100天左右，每胎产崽2—4只，理论上平均寿命可达20年，3—6岁以后进入性成熟年龄。

由于森林开发等多种原因，华南虎的生存环境遭到不同程度的破坏，栖息空间逐步缩小，且其数量极少，种群繁殖概率及个性成活率低，现处于濒临灭绝的边缘。野生华南虎是否存在的问题曾引起众多动物研究专家的争议，1990年，国家林业局与世界野生物基金会合作，在闽、粤、湘、赣四省开展华南虎资源调查，用确切的证据说明闽西境内的

梅花山尚有野生华南虎存在。梅花山气候温润，腹地内仍保持着原始森林的特征，山高林密，地形复杂，动植物种类丰富，生态系统完整，是华南虎栖息繁衍的最佳生境。1998年，梅花山建成华南虎繁育野化基地，进一步研究华南虎的生活习性和生境要求。

黑麂

黑麂是中国特有物种，仅见于长江以南海拔1000米左右的山地，并随着季节的变化往返于山麓和高坡之间——夏季活动于地势较高的常绿阔叶林、灌丛中或高山草地，寻找嫩草或新树芽为食；冬季则向下迁移，在山麓的阳坡和水源附近越冬。黑麂喜欢在清晨和黄昏觅食，白天大部分时间则躲在密林或石洞中休息。与其他麂类动物不同，黑麂除了吃草本植物和一些树木的嫩枝外，偶尔也食肉类食物。其活动范围相对稳定，往往在陡峭的地方会踩踏出16—20厘米宽的固定路线。

黑麂体形较大，成体体长1米多，雄性有角，通体呈褐色，尾巴背面为黑色，内面

为白色——遇险奔跑时，尾巴会翘起露出白色，提醒同伴或未成年的黑麂逃跑；其额顶长有一簇长达六七厘米的棕色冠毛，奔跑时经常会遮盖2只短角，所以黑麂又称作"蓬头麂"。在闽西境内的武夷山南段和梁野山山地常绿阔叶林和灌木丛中，均有黑麂活动。黑麂适宜在高山密林的条件下生活，但近年来山区开发过度，黑麂的生境条件遭到破坏，致使现存的黑麂数量锐减而濒临灭绝，为国家一级保护动物。

白底尾巴和棕色冠毛是黑麂的两大特征。

毛冠鹿

无论雌性还是雄性个体，其体态上都有一个标志性特征——前额上长有一簇冠状黑色长毛，"毛冠鹿"之名即由此而来。不同的是，其雄性头上有1厘米左右的短角，经常被这簇黑毛挡住，雌性无角。因背部毛色青黑，毛冠鹿又有"青鹿"之称。

毛冠鹿形体较大，体长0.6—1米，肩高0.6米左右。一般1—2年即性成熟，寿命7年左右。每胎产崽2头，幼崽通体有若隐若现的白斑，成年后则消失。主要活动在海拔900—2600米的山地阔叶林或灌丛中，尤其靠近水源的地方，以嫩草或新树芽为主要食物，还喜欢吃盐。觅食多在清晨和黄昏，白天则躲在隐蔽处休息。毛冠鹿生性胆小，在进食或休息时，都保持高度的警惕性，一有风吹草动，则迅速逃跑，奔跑时尾巴翘起，不断露出白色尾底。它们很少结群出现，经常是一雌一雄相伴，这在喜欢独居的鹿类中是比较少见的。

在闽西境内的武夷山脉南段丘陵灌丛和梅花山高山常绿阔叶林中，曾有毛冠鹿活动的相关记载，但近年来由于森林遭砍伐严重，生境条件不断恶化，加上幼鹿成活率低，数量极少，已经处于濒危状态，为国家二级保护动物。

飞鼠

飞鼠又叫鼯鼠，是目前已知的除了蝙蝠以外唯一会"飞"的兽类动物，与松鼠科亲缘关系很近，最大不同之处在于飞鼠前后肢之间长有软毛覆盖的皮褶"飞膜"。确切地说，飞鼠并不能飞，而只是滑翔，先用后脚把身体弹起来，伸开四肢，连接四肢的皮膜迅速张开，借助气流滑翔，扁平的尾巴不断摆动以调整滑行方向，成为十分理想的平衡舵。由于并没有真正意义上的翅膀，飞鼠"飞"得不远，一般都是从高向低处滑翔几十米，要返回时只能通过爬的方式。在30多种飞鼠中，属中国特产的有复齿鼯鼠、沟牙鼯鼠和低泡飞鼠3种，多数分布在亚热带森林中。复齿鼯鼠在闽西桂东洋山脉、梅花山等海拔150—3500米的亚热带常绿阔叶林和混交林中有见。

每当夜幕降临以后，飞鼠会像幽灵一样"飘荡"在林间。落到树上之后，即刻变回4条腿的小兽，在丛林间或山区的悬崖峭壁上上蹿下跳。飞鼠比普通松鼠要小一些，尾巴比身体长，眼睛乌黑溜圆，面部呈赤褐色，通身为银灰色油光发亮的皮毛，脊背颜色最

飞鼠昼伏夜出，常于夜里穿梭林间，摘食果子和嫩叶。

水獭流线型的身形十分适合在水中活动，擅长游泳，是捕鱼能手。

深，向两侧逐渐变浅，到了肚皮已经基本全白，看起来像披了一件灰袍。飞鼠喜欢吃果实和嫩叶，常用前爪捧着食物往嘴里送，但皮膜的存在使它动作远没有松鼠那么灵活。近年来，由于森林砍伐等破坏了栖息地的质量，加上人类过度捕猎，导致这种小动物现存数量极少。

水獭

在闽西梅花山、梁野山等山区的河流和湖泊地带，遍布僻静且近水岸的岩石缝隙和既通水又通陆的天然洞穴，成为水獭居住的理想佳境，偶能见到它们或在水面徜徉，或潜入水中捕食的情景。水獭一般体长60—80厘米，重5千克左右，头部略扁，鼻孔、耳道有防水灌入的瓣膜，耳郭短小呈半圆形，听觉敏锐，眼眶略有突出，眼睛乌黑发亮，下巴上长有几根稀疏的胡须。水獭身上的灰褐色绒毛几乎密不透水，即使不划动四肢也可以浮在水面上；其流线型的身体，对于本属半水栖动物的水獭来说，如虎添翼，为捕鱼提供了极大的便利，在透明度较好的水域捕鱼就像猫捉老鼠一样得心应手。

水獭一般有固定的生活区域，在河流上游到下游巡回。除非是交配期间，否则水獭一直都是"独身"生活，白天躲在洞内睡懒觉，晚上才会出来觅食，鱼和蛙等为其主要食物来源，偶尔也捕捉田鼠和水鸟等。因为皮毛较为名贵，所以近年来人为捕杀量剧增，加之环境污染导致生境变化，闽西现存的水獭数量已经急剧减少。

穿山甲

穿山甲学名鲮鲤，形体狭长，头部呈圆锥形，眼睛细小，没有牙齿，嘴巴突出而难以张大，近30厘米的长舌伸缩自如，差不多为体长的一半，前端扁平布满碱性黏液，非常适合捕食森林中的白蚁；尾巴长而四肢粗短，因为经常掘土，前足强爪发达。除了面部和腹部裸露以外，穿山甲全身布满鳞甲，有五六百块之多，据说其硬度超过铠甲，常令对手无计可施。虽然"防御装备"良好，但穿山甲生性胆小，一旦遇到外敌立马蜷成一团，用宽尾护住头部，同时从肛门中喷射出臭液，迫使敌人离开。穿山甲喜欢在山麓草丛或灌木林中比较潮湿的地方挖洞而居，其洞穴有夏、冬两种，夏洞结构简单且凉爽通风；冬洞就复杂得多，长达10余米，不仅有"卧室"，还备有"粮仓"——洞穴一般会穿过白蚁的巢，方便其取食。白天穿山甲一般都会躲在洞中，晚上才出来觅食，敏锐的嗅觉有助于顺利地找到白蚁巢。

穿山甲喜欢在山麓草丛或灌木林中活动。

穿山甲在闽西地区的山麓中分布广泛，梅花山、梁野山等大多数山地的密林深处都曾发现其踪迹。一只成年穿山甲每次可进食500克白蚁，在保护森林、堤坝等方面有积极作用。由于遭到人类过度捕杀，致使数量剧减，为国家二级保护动物。

青竹蛇

在中国长江流域以南地区，尤其是福建、广东、台湾等地，青竹蛇是咬伤人类的主要剧毒蛇种之一，闽西全境都有分布。在海拔150—2000米的山区溪边草地、灌丛、岩壁或竹林中，甚至路边枯枝上或田埂里都有发现。青竹蛇平时都是傍晚或夜间活动，遇阴雨天则更为活跃。因为其通体呈翠绿色，像嫩竹般粗细，而盘绕在竹枝上时，上半部身体翘起，如同一段新竹，不仔细分辨很难发现，因此又被人们称为"竹叶青"或"青竹丝"。青竹蛇头部呈三角形，略宽于身体，全身长不足1米，布满瓦状排布的鳞片，眼睛和尾尖略显焦红，对静物视觉不敏感，捕捉猎物基本是靠眼与鼻孔间的"热测位器"，主要以蛙、蜥蜴、小鸟及小型哺乳动物为食。捕到猎物时，它会先分泌毒液将其麻醉，然后整只吞入腹中——蛇类的下颚在进食时都可以脱位，使口腔张大，甚至可以吞下比自己身体粗2倍以上的猎物。青竹蛇有冬眠习性，一般惊蛰后苏醒。人们很容易把无毒且性情温顺的翠青蛇与青竹蛇混淆，而区别它们最好的方法是辨认其是否具有焦红的尾尖。

青竹蛇通体翠绿，是剧毒蛇种。

中华秋沙鸭

与大熊猫、华南虎和滇金丝猴齐名的中华秋沙鸭，为第四纪冰川期后残存下来的物种，距今已有1000多万年的时间。1864年，英国人在中国采集到一只雄性幼鸭的标本，并将其命名为"中华秋沙鸭"。

雄性个体较大，墨绿色或白色的羽毛，夹杂着带有光泽的彩纹，嘴比普通鸭子略窄，接近红色，尖端有类似瑶鹰一样的弯勾，头顶有厚实的羽冠。雌性个体稍小，羽色暗灰，体侧有灰黑相间的条带状图案，以小鱼和虾等为主要食物，常以"家庭"为单位，3—5只集体活动。其生性机警，

图片自左而右，分别为雌性中华秋沙鸭、雄性黄腹角雉。

稍有惊动便即刻起飞或迅速游至隐蔽处。求偶方式也比较独特，雄性反复将脖颈伸长，与身体成垂直角度指向天空，直到雌性接受后才一同游到僻静处交配。中华秋沙鸭的巢穴通常建造在水边的天然树洞中，出水后很少在陆地上停留，而是飞到巢边的树干上整理羽毛，是名副其实的"会上树的鸭子"。

中华秋沙鸭在中国主要繁殖于长白山和大小兴安岭，冬季则南迁避寒，闽西梅花山自然保护区因丛林茂密，水质清澈，鱼虾丰富，已经连续几年发现有小群中华秋沙鸭前来越冬。由于生存环境受到人类影响，其数量正急剧减少。据统计，目前全球数量不到1000只，为国家一级保护动物。

黄腹角雉

黄腹角雉因雄鸟腹部羽毛呈黄色而得名，是中国特有的鸟类，其喉下带有肉裙；羽毛以褐色为主色，有淡黄色圆斑，雌鸟具有黑色斑点，并夹杂有棕黄色和白色的细纹；头顶黑色或红褐色羽冠。以植物的根、茎、叶、花、果为食物，也进食白蚁和毛虫等小动物。福建、江西、浙江、广东、广西和湖南等地是黄腹角雉分布相对集中的地区。闽西梅花山自然保护区、梁野山自然保护区等地海拔600—2000米的针阔混交林内，灌丛茂密，既便于藏身，又有丰富的食物来源，是黄腹角雉的良好栖息地。

在很多情况下，黄腹角雉因其独特的求偶方式被称为"吐绶鸡"——雄鸟蹲伏于自己中意的雌鸟面前，翠蓝色的肉质角突然起向上，平时并不显眼的肉裙也突然膨胀下垂，呈现鲜艳的红色，通过不断抖动角和肉裙来吸引雌鸟的注意。当然，雄鸟在发情期都会占据单独的领域，没有同性的竞争，求偶多半会成功。它们多在距地面3—9米的树上筑巢产卵，每窝3—6枚，卵壳略呈土黄色或近棕色。黄腹角雉还被人们称为"呆鸡"，因为它不但身体粗笨不善飞行，而且生性迟钝，遇到敌人逼近时便一头插进草丛，身子却还暴露在外面，实为"钻头不顾腚"。正因为如此，黄腹角雉的天敌一向很多，再加上生存环境不断遭到破坏，目前仅存5000只左右，且数量还在不断减少。

白鹇

与其他羽毛鲜艳的鸟类相比，白鹇黑白相间的主体羽色可谓个性十足。雄鸟整个背部、翅膀及长长的尾羽均为白色中带"V"字形黑纹，两翅尤为明显，颈及尾羽末部则

彩臂金龟 鞘翅目臂金龟科昆虫。其体色墨绿，有金属光泽；触角为鳃状；雄虫前足极长（如图所示），体长6—7厘米的雄虫，前足往往可达10厘米；鞘翅近黑色，密布大小不一的茶褐色斑纹，斑纹中常有黑色小点；发育过程要经历卵、幼虫、蛹、成虫4个时期。该种数量稀少，属国家二级保护动物，在本区梅花山有分布。

黑纹少，近乎纯白色；与之相对的腹部却是纯黑色，头顶也是密厚的黑色羽冠，状如发丝一直延伸到颈部后方，带有蓝绿色的金属光泽，遇到惊吓时羽冠蓬松竖直，像黑色的头巾迎风飘展。脸部裸露处的紫红色异常醒目，像正在盛怒一般。雌鸟与雄鸟略有不同，通体为棕褐色，带有铜色光泽，尾羽和羽冠均较雄鸟要短一些，看起来也要比雄鸟小得多。

白鹇为国家二级保护动物，有些地区也叫银雉、越禽，

在福建、云南、贵州等南方各省均有分布，主要栖息在多林的山地，以昆虫及各种果实、草籽和嫩叶等为食。在闽西则见于海拔1400—1800米浓密的竹林和灌丛下，龙岩国家森林公园、梅花山自然保护区、梁野山自然保护区等地的山腰林间均发现有野生白鹇的身影。林下环境温暖湿润，灌丛浓密，适合白鹇栖息和觅食。白鹇白天基本隐匿不动，晨昏时才出来觅食。除非是进食或者求偶，否则白鹇很少鸣叫，叫声粗糙，遇到危险时会发出尖厉的哨声提醒同伴逃走。不到万不得已，白鹇一般不会起飞，而是迅速向山上逃跑或钻入灌丛。但即使是逃命，白鹇也会保持优雅的体态，正因为如此，自古便是观赏禽类中的珍品，早在汉代就被称为"凤凰鸟"而备受宠爱，诗人李白也曾赋诗赞美白鹇的高洁不凡。古人还认为白鹇能给人带来幸福吉祥，流传于哈尼族的民间舞蹈棕扇舞即是对它的各种动作加以模拟演化而成。

金斑喙凤蝶

在各种蝴蝶中，金斑喙凤蝶可谓颇有名气，全世界仅在中国福建、广东、江西和海南等省才有分布，且数量远远少于大熊猫，是国家一级保护动物中唯一的蝶类，曾有专家建议将它作为中国的国蝶。武夷山自然保护区、梁野山自然保护区、梅花山自然保护区等海拔千米以上的阔叶林，气候温凉湿润，林密风静，植物种类丰富，是金斑喙凤蝶的最佳生境。20世纪60年代中国要发行蝴蝶系列邮票时，因国内没有这种蝴蝶的标本，不得不远渡重洋到英国伦敦皇家自然博物馆去

后翅中央有金黄色大斑块的金斑喙凤蝶。

借当时世界上第一枚金斑喙凤蝶标本，而这个标本就采自武夷山。

金斑喙凤蝶个体较大，体长3厘米左右，展翅可达11厘米，雌雄异型。雄蝶体、翅底色为黑褐色，并沾有带光泽的墨绿色磷粉；前翅内侧带有横向金色条带，带内颜色稍深；后翅锯齿状边缘，尾突细长，内侧有规则排列的月牙形金

色斑块，最为醒目的还是后翅中央，长有一处面积近1平方厘米的五边形金黄色大斑块，金斑喙凤蝶因此得名。雌蝶无金绿色，后翅五边形大斑色白，尾突细长。因喜欢在林间高处盘悬飞行，姿态优美，即便有时俯身到地面探花汲水，也雍容有度，金斑喙凤蝶被视为"蝶中皇后"。

娃娃鱼

娃娃鱼学名大鲵，因叫声像婴儿啼哭而得此称呼。但实际上，娃娃鱼已不是真正的鱼类，因为特殊的心脏构造，已经具备一些爬行类动物的特征，是目前两栖类动物中个体最大的一种，成年个体可长1米以上，体重超过50千克。

娃娃鱼体表因为布满了黏液而显得特别光滑，这也是一层重要的身体"保护膜"。其通体棕红色和黑色相杂，有深浅不 的块状斑点，头部钝圆且扁平，到尾部逐渐转为侧扁，颜色也渐过渡为黑灰色，尾巴圆形，四肢短小略扁。身体两侧有明显的肤褶，便于左右摆动时保证身体

娃娃鱼头部扁平而大，但双目细小，视力极差。

自由伸缩。宽大的嘴巴中排满尖锐密集的牙齿，但这些牙齿并不能发挥真正的咀嚼作用，而只是充当捕食的工具。眼睛高度近视而且怕光。由于视觉退化和体形硕大的缘故，娃娃鱼动作迟钝，很少主动出击捕食，而是隐蔽在滩口乱石中间"守株待兔"，当鱼、虾、青蛙和水蛇等猎物从身边经过时就突然发起袭击。这种捕食方式成功率并不高，所以娃娃鱼养成了暴饮暴食的习惯，饱餐后体重可增加20%；而当食物短缺时，即使两三年不吃，也不会饿死。

娃娃鱼分布广泛，在中国南方闽、黔、川、滇等大部分山区的一些河流、乱石丛或浅水中，常能见到娃娃鱼笨拙的身影。闽西梅花山、紫金山等地，因山溪水质清澈，水流湍急，弯处有回流水，水边有阴暗的沟渠和石缝能够让娃娃鱼藏身，而成为其良好的栖息地。因肉质鲜美又可入药，加上天生"慵懒"，娃娃鱼极易被捕猎，目前野生种数

量急剧减少，为国家二级保护动物。

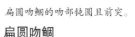

扁圆吻鲴的吻部钝圆且前突。

扁圆吻鲴

作为圆吻鲴的变种，扁圆吻鲴在闽西汀江、九龙江等河流上游较为常见，尤其喜欢栖息在水流湍急且河面宽阔的浅水地带，多活动于中下层水域，以藻类、植物碎屑和腐殖质为食。因在鱼苗期尾鳍呈鲜艳的红色，所以常被当地人称为"火烧尾"或"红烧尾"。扁圆吻鲴一般体长20—25厘米，重0.5千克左右；通身呈银灰色，后背颜色较深，腹部微红，身体侧向扁平，吻钝圆而向前突出，头尾小，腹部浑圆；侧线鳞不太明显，背鳍和胸鳍均呈扇形，尾鳍为月牙形，边缘向外翘起。其梭形构造能有效减少游动时水的阻力，前进速度较快。由于抗病力和耐寒力强，食性广且产量高，宜于养殖，扁圆吻鲴成为闽西境内尤其是连城、长汀等地最重要的经济鱼类之一。

本区主要产业和物产
分布示意图

武

北

云

松

夷

毛

岭

山

珉

山

博

采

眉

岭

岭

长汀县
①②③④⑤

白沙岭

连城县
⑤⑥⑦
⑧⑨

将军山

狗子脑

梅花山

天宫山

黄连盂

赤岩头

漳平市
⑤⑩
⑪⑫

武平县
⑬

上杭县
③⑲⑳㉑

龙岩市
(新罗区)
⑭⑮⑯
⑰⑱

苦笋林尖

梁山顶

永定区
㉒㉓㉔

图例	
◎	地级行政单位
⊙	区/县级行政单位
▲	山峰

① 长汀竹林　　⑬ 旱稻
② 长汀豆腐干　⑭ 云顶茶园
③ 河田鸡　　　⑮ 马坑铁矿
④ 玉扣纸　　　⑯ 东宫下高岭土
⑤ 素心兰　　　⑰ 苏坂蜜柚
⑥ 庙前锰矿　　⑱ 沉缸酒
⑦ 连城地瓜干　⑲ 紫金山金铜矿
⑧ 白鹜鸭　　　⑳ 杭梅
⑨ 连城宣纸　　㉑ 上杭松脂
⑩ 漳平水仙茶饼 ㉒ 永定晒烟
⑪ 漳平笋干　　㉓ 无核红柿
⑫ "高山花园"　㉔ 永定菜干

靠山吃山

素有"八山一水一分田"之称的闽西，在中原汉民迁入之前，畲民已在这里刀耕火种，进行原始的农业生产。由于低山和丘陵众多而适合造田的平地甚少，中原人进入闽西以后，人数剧增，盆地和平原地带人多地少的状况越来越严重。到了明清时期，为了拓宽生存空间，人们不得不向山中转移。

起初，人们在山上种植薯类和玉米等旱作作物，虽然有客家先民带来的北方先进农耕技术作基本保障，但因自然条件限制和抵抗自然灾害能力较弱，土地收成很不稳定，基本上靠天吃饭。渐渐地，在与山的磨合过程中，人们发现山上有很多像竹笋、蘑菇、茶叶、药材等种类繁多的林副产品，

不仅可以改善生活，还可以拿到圩市中换回粮食等，甚至获得可观的收入。于是新型的产业——"种山"出现，并不断扩大，原先保命的山田耕作反而变成副业，"靠山吃山"成为当地人的生存方式。清末，除却"兼职"的山农，当时闽西地区的林农、茶农、笋农和菇农总数超过万户。而闽西种山的规模达到鼎盛，甚而出现"职业化"的山农。"职业"山农的广泛存在，使得闽西作为重要林产基地的地位得以进一步巩固，尤其是木材输出甚至成为当时经济发展的支柱，这种繁盛之势持续到民国初年才逐渐衰落。"山"在影响闽西社会经济生活各个方面的同时，闽西人也把当地的山地资源带出去为世人所知，如原来

深藏山中的竹林，因能制作成品质极高的玉扣纸、宣纸等而扬名，四堡印刷业的繁荣更使它成为文明的载体。

客家人在闽西山地间繁衍扩大，后来在不断向四川、广西、湖南等地迁徙的过程中，每到一处，仍会"遗传"性地选择在山间落脚，继续过着靠山吃山的生活。可以说，"靠山吃山"的山居性对客家民系产生的影响无疑是非常深远的，甚至因此成为客家人"依山而居"民系特征的特殊注脚。

"蛮獠之耕"

"蛮獠"是旧时对西南少数民族的称呼。唐代前后，闽西地区的原始开发者就被冠以"蛮獠""峒蛮"等称谓。早在隋唐时期，"蛮獠"就已经开始在闽西广大地区活动，尤其在古汀州（现为长汀）一带最为集中。后来之所以称为"畲"，则是源于他们在农耕方面刀耕火种的历史，"畲"字本身正有"火种"之意。

由于生产力水平落后，在相当长的一段时期内，本区的"蛮獠"都处于游耕状态，即以狩猎为主的同时，间或刀耕火耨，烧山辟田种植稷等作

依山种茶是闽西客家人靠山吃山的一大体现。

物。由于经营粗放，一片新开垦的田地在耕种两三年后由于肥力降低而不得不废弃另辟。环境的破坏和不断的迁徙，"蛮獠"与汉人的生活领域重叠交合，由于生活方式和习惯的迥异，导致矛盾重生。垂拱二年（686），唐王朝实行"靖边方"以加强对"蛮獠"的控制，迫于当时统治者的压力，"蛮獠"纷纷逃散，隐藏到深山老林，但迫于生计，还是常常出来滋扰汉人。到了陈元光任漳州刺史时，为了缓和对立矛盾，政府采取了"安仁"之道，开山修路，派人将逃散在各处的"蛮獠"诱惑出来，与汉人安置在一起。与此同时，"蛮獠"也将开山辟田、挖渠修耕的生产技术与汉人的耕作方式相互融合，一起发展农业，使得当时荆棘丛生的荒地"渐成村落，拓地千里"，山区农业得到迅速开发，生产力得以较快发展。"武夷山下种畲田"指的就是这一现象，史称"蛮獠之耕"。

田块碎小，土地贫瘠

地势平坦、土壤肥沃是农业发展的有利条件，然而山地丘陵占土地总面积80%以上的闽西地区对于农业发展来说，确实无优势可谈。武夷山脉南段、玳瑁山、博平岭等山脉穿插在闽西大地，几乎见不到面积较大的平原，种植业的发展仅限于散布在山地间面积较小的盆地以及狭窄的河谷阶地，因此所开垦的耕地多半田块碎小。

土地贫瘠是闽西农业发展的另一大障碍，这里亚热带季风气候为农业带来丰富降水的同时，也使区内淋溶作用强烈，大部分土壤为酸性和强酸性的红壤和黄壤，土层薄，有效肥分含量少。如永定的总耕地面积中，有一半以上具有强酸性特征，土质黏重，透水透气性较差，有机质含量少，肥力低下，对于水稻种植极为不利。而水稻是闽西种植的主要粮食作物，但因田块碎小、土地贫瘠的自然条件而大大降低了耕地的生产能力。粮食不足的问题在明清时期体现明显，当时长汀、永定和上杭等地都无法实现粮食自给，需要从外区调入。为了应对耕地和粮食不足，闽西开始修筑梯田，但当时多半引山涧溪水顺流灌溉，水利设施相当落后，抗旱防洪能力几乎为零，再加上洪涝、干旱等自然灾害频繁，对于耕地稀少且相对贫瘠的闽西地区无疑是雪上加霜。因此在过去相当长一段时期内，境内的农业发展都处于"靠天吃饭"的状态。

塅田

群山绵延、丘陵起伏的地形决定了闽西山区"山多田少、粮食缺乏"的农业生产格局。明清时期，为了获得足以果腹的食物，人们只能在绵延全境的崇山峻岭之间，尽量去平整山丘，开垦或大或小的田地来蓄水保肥，种植水稻。

根据不同的地貌条件所开辟出的稻田分为塅田与坑田两类。坑田是在两山之间的沟谷中开辟出来的稻田，田地随着山沟逐级而上，具有明显的高差，一般都离农家较远；塅田是在相对开阔的河谷地或岗地等比较平缓的地形上开辟出的田地，水热条件等都比坑田要优越，塅田也多离居民区比较近，管理起来容易，不像坑田那样经常遭受野猪、鸟雀等的危害。因此，农民投入在塅田的时间和精力自然比坑田要多，常常将塅田规划成"井"字形田地，加以精耕细作，塅田产量自然比较高，属于中高产田，但塅田面积只占闽西耕地总面积的30%左右。高产而

闽西山区的坑田分散且面积碎小，产量不大（上图），而在相对平坦开阔的盆地内部开辟的塅田则产量较高（下图）。

锈水田 又称煤锈田、煤水田、锈毒田、发红田，绝大多数是因含硫、铁的煤矿渗出（或排出）水所导致。闽西耕地多处于低山丘陵地带，且地层中煤矿含量较大，其含铁和硫化物的地下水大多从田的后坎渗漏入田中，或从田间泉眼冒出，使水面上浮有一层红褐色的氧化铁薄膜，或土壤表面沉积有锈色的絮状物，严重阻碍土壤中气体的更换和环境更新，影响水稻生长发育而减产，不过一般可通过施用生石灰等手段来加以改善。闽西各乡镇都可见锈水田分布，如长汀三洲、上杭朋口等地。

量少导致其地租历来都高出坑田一大截。

中堡梯田

梯田可以说是山区农业发展最重要的载体。在以山地丘陵为优势地貌的闽西，梯田随处可见，在武平、中堡、城厢、武东等乡镇的十几个自然村都有梯田接连成片。中堡梯田在面积和农业经营方面可以算是闽西梯田中典型的代表，在中堡约27平方千米的水田耕地中，梯田占了半壁江山。

中堡的每一层梯田，都随着山势的变化而不同——缓坡开垦成大田，陡坡开垦成小田，就连沟边石隙都被充分利用起来，所以有很多梯田地块仅有簸箕大小，当地人称为"蓑衣坵"。而层层叠起的，都是从一个山沟绕到另一个山沟的狭长状梯田，长十几甚至几百米；但田面宽度不大，大多数只有一两米宽，有的还不足1米；两块田面之间的田坎却很高，有些甚至长达两三米，很像是把水稻种到了高高的墙头上，古人概括为"田丘尺六，田坎丈六"。由于田坎侧壁陡直，每到秋收割稻时，都能见到村民架梯作业的情景——通过搭好的梯子，才能把成捆的稻谷从上方传递下来。

中堡境内随山势开垦出的农田。

冷浸田

在闽西地区，像墩田这样的中高产田并不多，耕地大部分都分布在山间谷地、丘陵和河谷平原的低洼地带，由于受到山溪冷泉或上部梯田冷水的侵袭，基本上是常年处于地下水饱和的状态，土粒高度分散，土壤中会积淀有一层30—40厘米厚的烂泥状潜育层，透水透气性能普遍较差，有的还形成褐红色油质状的锈膜浮在水面。包括山坑冷底田、烂泥田、锈水田和鸭屎泥田等均属于这种情况，这几种土地利用类型被统称为"冷浸田"，由于冷浸田的性能较差，只适合种植单季稻。

冷浸田耕作难度大，尤其是烂泥田，人畜在田里移动艰难，尤其是移栽后的水稻难以立苗，造成大面积的浮秧现象，即使立苗成功，后期也极易倒伏。另外，由于山体、森林的遮蔽作用，光照时间短，冷浸田水温、土温均较低，春季温度回升慢，秋季降温快，低于同时期正常土温4—5℃。低温使微生物分解受到抑制，有机质也很难被直接吸收，土壤无法提供水稻所需要的全部养分，导致单季稻植株发育不良，秧苗发育迟缓，产量较低——一般情况下，冷浸田的亩产仅在300千克左右。"丘小如瓢深齐腰，冷水浸泡锈水飘，一年只能种一造，常年亩产一担挑"是当地人们长期以来对冷浸田的深切体会。

简陋水利

闽西地区河网密集，水源充足，这本来是农业发展的一大优势。但由于地表起伏大、坡度陡、雨季相对集中、山区遇到暴雨极易形成山洪，又给农业生产造成巨大损失；在雨水偏少的季节，又因农用水源不足而导致干旱。在这样的状况下，水利工程建设就显得尤为重要。明清时期的水利工程，因受制于地形起伏多变的影响，境内"随水势之高下，引以灌田"的现象普遍存在，包括梯田也采取了相应的水利建设，引山涧溪水进行灌溉，但这种"沟渠式"水利工程所能发挥的作用相当有限。

清末民初，闽西总体生产力水平有所提高，水利设施也有所改进，出现了陂圳、堰坝等，且多半是以柴作为材料，虽容易搭建，但极易被冲毁。在这种脆弱的水利条件下想实现防洪抗旱目标的可能性几乎为零，水灾和旱灾都使生活和农业生产时刻处于危险的境地。旧志中记载，当时曾发生过的水灾景象是"无家不覆，无墙不圮"，农业绝收，数万百姓流离失所。直到20世纪80年代以后，兴修现代水利，水旱灾害才得以有效控制，原始简陋的水利设施也渐渐淡出人们的视野。

"三千罗陂"

位于武平岩前双坊村的"三千罗陂"，作为古代大型水利工程在闽西的水利史册上有着篇幅不小的记录，相传已有千年历史，灌溉千亩良田，使千户庶民受益，故称"三千罗陂"。

受制于地形起伏较大的影响，闽西的水利工程多半利用天然高差引水，结构极其简单，但"三千罗陂"却开创了闽西

永定山区溪流众多，当地人因地制宜，常用水车引流入田灌溉。

大型水利工程的先河。最初建造时是利用岩前溪中的天然石笋作基柱，将松木檩子并排固定在基柱上，多排"木墙"之间用树枝、砂石混合填充夯实。同时，人工开凿"石龙门"作为引水颈，其主渠长度达5千米。因蓄水量大，可起到汛时防洪、旱时灌溉的双重作用。至1958年，"三千罗陂"大兴土木进行改建，把因年久浸泡已成朽木的松排换成土陂，1964年采用钢筋混凝土结构再度扩建成为石陂，并将基座整体向上移动了近1000米。"三千罗陂"建成的千年以来，原来常兴风作浪的岩前溪变得温顺恬静，两岸几千户百姓因此少了水旱灾害的困扰。

棉花滩水库

棉花滩水库位于汀江干流下游棉花滩峡谷河段中部福至亭处，处于闽粤交界地带的永定凤城境内，库区跨越上杭、永定两地的8个乡镇。正常蓄水位为173米，总库容20.35亿立方米，其中调节库容11.22亿立方米，属不完全年调节水库，是福建第二大人工湖泊。库区两侧峡谷陡峻，宽窄不一，湖中有108个岛屿。

历史上，棉花滩峡谷一带

棉花滩水库库区以坚硬的花岗岩为主体，大坝开山截流，高差超过100米。

流传有"十里棉花滩，江水自天来"的说法。险峻峡谷的形成源于地质构造运动的抬升和流水对坚硬花岗岩的不断下切作用，使河谷形成典型的"V"字形，两岸岩壁陡立，坡度达60—70°，河床陡然加深3米多，河面变窄，只有5米左右，形成"瓶口"区，汹涌的上游江水从狭窄的通道中急穿而过，不时卷起大浪，被人们视为航道禁区。直到2002年，这个昔日令艄公"闻风丧胆"的惊险之地，终于得以呈现出"高峡出平湖"的壮丽画面——高高筑起的大坝把汀江干流拦腰斩断，形成蓄水面积达64平方千米的棉花滩水库。水库库湾众多，周边湖汊纵横，成为发展水产养殖的理想场所，人们采用无投饵网箱养殖法，直接利用水库天然饵

料进行放牧式养鱼，出产有鲢鱼、倒刺鲃、鳙鱼、鳜鱼等水产品，永定因而成为龙岩生态渔业的典范。为充分开发汀江水力资源，1998年建成棉花滩水电站，总装机容量达60万千瓦，以发电为主，兼有防洪、航运等作用，减轻了下游韩江三角洲洪水灾害的威胁。

南方"红色沙漠"

在花岗岩丘陵地区，水蚀荒漠化是较为普遍的自然灾害之一。这一点在闽西汀江上游长汀河田体现得最为集中：四周的山岭上已难得见到成片的树林，水蚀后的红壤基岩部分一览无遗，被形象地称为南方的"红色沙漠"。

河田所处地域广泛分布着风化强烈的花岗岩层，厚达十几米甚至上百米的红色风

经过绿化综合治理，长汀河田的"红色沙漠"已开始出现稀树疏草。

化壳堆积物是水蚀发生的物质基础。又因该地年降水量达1700毫米，4—6月的降水量高达全年的50%以上，这种降水集中而强度大的气候特征成为水蚀过程形成和发展的动力条件。加上近50年来河田人口数量翻了一番以上，耕地面积只减不增，一方面是急需增加耕地而毁林开荒，另一方面是需要生活燃料肆意砍伐，植被破坏加剧，使原本就土层单薄的地区在强降雨面前不堪一击，造成水土流失的面积达158平方千米，成为中国极强度水土流失区之一，大片的"红色沙漠"裸露于地表。与沙漠吞噬土地一样，"红色沙漠"区由于土壤中有机质被冲刷掉，土地肥力下降，耕地变得稀少贫瘠，几乎寸土寸金，人们只能在山石缝隙里零星塞种玉米等耐旱作物。包括河田在内的南方"红色沙漠"水土流失区曾被形容为"山光、水浊、田瘦、人穷"之地，在经过几十年的"以草先行，草灌乔结合"等绿化综合治理后，长汀水土流失得到遏制，为南方红壤区水土流失治理提供了典型经验。

"开元年"

地处三省交界处，以"山多地少"为主要特征的闽西地区历史十分悠久，早在1万年前就有人类生息繁衍。但在客家先民大量涌入以前，这里的自然环境十分恶劣，只有少数畲瑶土著居于其中，过着刀耕火种、男耕女织、自给自足的生活。

闽西真正得到开发是从唐代初年开始的。开元年间，唐代经济繁荣的人发展辐射到了闽西山区，因此，人们用"开元年"来指代当地经济发展的开始。此前中原地区的战乱，使得这个相对安宁之地，成为中原移民逃避战乱、重建家园的理想场所。大批客家先民从中原南迁，直抵闽西，使人口剧增。汀州就是设立于这一时期，这是闽西开始大步迈向汉化进程的重要里程碑。随着人

水蚀荒漠化　水蚀是指土壤因降雨而松散或被水流剥离，土壤粒子被冲走并积存到水道或下游流域。植被受人为活动破坏的地段往往成为水蚀的活跃区，一般以片蚀和沟蚀为主，出现劣地或石质坡地，土壤失去蓄水能力和养分保持力，土地荒漠化，耕地减少，影响经济发展。水蚀荒漠化多发生在中国南方地区，在本区的长汀河田，水蚀发展呈现荒漠化地貌的面积占该地区面积的32%。

口的大规模涌入，虽然土地利用程度显得不尽如人意，人多地少，水利设施欠发达，但在相对安定的社会条件下，闽西地区的农业依然有所发展：众多粮食品种先后落户闽西，粳、糯、粟、豆、菽、稻等粮食作物更是遍种汀州；苎、葛、蕉、麻、木棉等经济作物的栽种，又促进了闽西纺织业、商业的发展，这些在一定程度上缓解了紧张的人地关系矛盾。

地图标注：
宁化（今宁化县）
清流（今清流县）
汀
归仁圩（宋—清）
杉岭市（宋—清）
四堡书市（明—清）
长汀（今长汀县）
北团圩（宋—清）
何田市（南宋—清）
姑田圩（清）
连城县
三洲圩（宋—清）
单溪圩（宋—清）
莒溪圩（宋—清）
浊石圩（宋—元）
庙前圩（清）
濯石圩（明—清）
大洋圩（宋—清）
上杭
语口市（明）
武平（今武平县）
东坑圩（宋—清）
州
上杭县
大孤市（明）
北
峰市（清）
永定区

宋圩

为逃避中原频繁的战乱，大量移民迁入闽西的结果，是在增加劳动力的同时，带来了先进的农耕技术，使当地的自然资源得到前所未有的开发，社会经济迅速发展，可用于交换的商品日渐丰富，也因此催生了一种富有地方特色的商业载体——圩市。

作为物资集散和交易地的圩市，是社会经济发展到一定程度的体现，也是城镇发展的雏形和基础。闽西在南宋时圩市就已经很发达，据《临

作为古汀州府的一部分，本区的商品交流一直十分发达，自宋以降分布有不少圩市（上图），这种农贸交流形态今日仍存。因本区盛产竹，竹制品在圩市上自古以来就占有一席之地（下图）。

汀志》记载，南宋时连城、上杭、武平各地都有1—2个圩市，而汀州多达7个，都分布在交通便捷、人口集中、消费市场广阔的水陆交通要冲。一般相邻圩市的圩日彼此错开，每逢圩日，大人小孩都会换上平时舍不得穿的新衣，像参加节日盛会一样前去赴圩，圩市上热闹非凡，附近村落却都物静人稀。若圩日赶在逢年过节前后，就会有几千人甚至上万人的规模，不仅是圩场，连开圩的整个集镇都人山人海，人们在这里进行生活用品、生产工具以及牲畜等各种农贸交易。虽然宋圩在闽西只是商品贸易的早期阶段，但对后来以四堡等典型的乡村商品化体系初步形成有着决定性的作用。

旱稻

提到稻类，人们自然而然会想到水稻。虽然同属于稻类，但与水稻相比旱稻的分布显得过于狭窄，只在水分不足的低山和丘陵上部零星种植，闽西即是旱稻的一个典型分布区。旱稻还有"畲禾""畲稻""棱稻"之称，有带黏性与不带黏性2种。

在20世纪50年代以前，靠

山吃山的畲族、瑶族等土著民族已经广泛种植这种旱地农作物，并以之为传统主粮。闽西地区平原面积小，山间谷地和盆地多冷浸田，水稻种植生产能力低。这里的畲族自宋元时期就有"烧山地为田"的耕山习俗。这些开垦于山上的畲田不适合种水稻，却可以种植"不水而熟"的旱稻，适应能力强，对土壤和水分要求不高，甚至不需要灌溉，"掘烧乱草，乘土暖种之"，因此除番薯外，种旱稻成为首选。闽西地区的旱稻一般在4月份雨季开始前种植，9月可以收获，其颗粒比较大，质地粗糙，味道与水稻相差较大，但自宋代引种旱稻后，粮食紧缺的情况有了很大程度的缓解。因多种植在坡地上，日久会导致较为严重的水土流失，要另辟新地，现基本已经很少种植旱稻，种的也多作为饲料或酿酒原料。

砍伐—栽种

"靠山吃山，靠水吃水"，闽西多山的地貌与亚热带气候的有机组合，造就了林业发展得天独厚的自然条件。明清时期，闽西木材与烟草业成为当时汀州的两大支柱产业，是闽西最主要的经济来源之一，广东潮州、汕头、佛山等地的木材来源主要就是汀州，并有相当一部分由此出口。其中长汀、武平、永定、上杭等地为最主要的木材生产基地。在当时耕地不足、人多地少矛盾日益突出的情况下，林木业的发展使山区农民的收入明显增加，社会经济也得以较快发展。

然而，由于长期沿用"拔

闽西森林资源丰富，当地人对木材的开发利用由来已久。

大毛"式的采伐，造成大量残次林地的出现，更新缓慢，严重制约闽西森林资源的可持续利用，民国初期，木材输出量急剧萎缩。这一问题的暴露迫使闽西林业发展改变策略，开始由单一的砍伐天然林转为栽种、营造次生用材林，在利用方式上也不再是单一的木材输出，木材加工、造纸等简单手工业就是在这一时期发展起来

的。在闽西，山区群众自家房前屋后都会种植成片树林，不仅养护水土，还能给家庭创造可观的经济价值，因此常被称为经济林或风水林，树林长势良好则被视为家族人丁兴旺的象征，因而人们普遍重视林地的水土养护。砍伐—栽种模式在一定程度上有效恢复了闽西的森林覆盖率，也提高了林业的再利用潜力。

双洋古驿道

地处闽、粤、赣交界的闽西自先秦至明清各时期一直是三省间的交通要道，在漳平北部双洋坑源村至马山村之间，至今仍保存有一段长约10千米的古驿道。双洋在明嘉靖年间隶属宁洋县，为县治和双洋古驿道的关隘所在地。这段古驿道是北部南平自永安下漳平直至漳州古驿道的重要组成部

双洋古驿道曾为官道，相传徐霞客从永安去往漳平时，就曾通过这条驿道。

高陂桥为明代石拱桥，历史上是沟通龙岩与永定的重要通道。

分，是龙岩北通三明、南平，南达漳州及沿海的官道。据说徐霞客游历闽西时，亦曾行经此驿道。

双洋古驿道修建于明代，当时大部分路段都有1米多高的石墙，皆用不规则的石块垒砌而成，驿道边上还设有驿站和驿亭，为频繁的邮驿活动往来者提供给养。作为当时贯通南北的重要交通连线，"南北之官轺，商贾之货物，与夫诸夷朝贡，皆取道于斯"成为一种必然。由于年代久远，如今虽然石墙与驿站均已坍塌得面目全非，人迹罕至，但从驿站的残垣断壁和光滑的长方形青石板上深浅不一的马蹄印中，仍可以遥想当年驿使往来、商贾络绎的忙碌景象。

永定高陂桥

闽西桥文化深厚而丰富，桥梁众多，但唯独永定高陂桥以其精巧的设计和造型，与长汀水东桥一同载入《中国石桥》桥史名录。永定高陂桥始建于明成化十三年（1477），之后因洪水数度冲毁，人们又将木桥改建成石桥。位于永定河上游的高陂与坎市交界处的高陂桥，历史上就是龙岩进入永定的必经之地，也是省道福二线公路龙岩至广东大埔的必经要道，因此成为交通繁华之地，车来物往使桥右边河岸上兴起一个小圩场，街道店铺林立。

现存桥梁于1755年由永定翰林院王见川筹资，在原桥址兴土动工，次年建成，当时称"深度桥"。桥身全长60米、桥面宽7.5米，为单孔半圆形石拱桥。桥上原有雕刻精美图案的廊屋，两边木柱上还刻有一副桥联："一道飞虹，人在青云路上；半轮明月，家藏丹桂宫中"。1956年修建永定—龙岩公路时，为方便交通，桥上的廊屋被拆掉，成为公路桥，继续发挥闽西至广东交通要道作用。直至1972年龙峰公路改线并另建新桥，高陂桥才渐渐失去昔日车水马龙的热闹景象，成为乡道上的公路桥。

"上河三千，下河八百"

穿流在崇山峻岭中的汀江，不仅为客家人灌溉农田提供了方便，也是维系赣闽粤边区经济大动脉的水路航道。然而历史上的汀州，由于地理区位的偏僻和信息的闭塞，一度处于半封闭状态，连食盐这样的生活必需品都需要由福州起运，千里迢迢甚至要1年的时间才能运抵，盐价昂贵，百姓苦不堪言。直至南宋绍定五年（1232）开辟了汀江航道，海盐才改由广东潮州起运，经韩江、梅江、汀江直抵汀州。

汀江在福建的长度为285千米，而拥有其中112千米的上杭自然成为汀江航运中最重要的河段，初时沿江共有大大小小36个码头和300多家转口商行，到民国初期，商行数量已经增加到700多家，成为汀江流域乃至闽西最大的集贸中心。因此习惯上以上杭为分界把汀江分为"上河"和"下河"。鼎盛时期，上河往来停泊船只多达上千艘，下河也有几百艘，由此出现了"上河三千，下河八百"的说法。这些船只满载海盐、布匹、煤油、日用百货等从潮州溯江而上，在上杭、长汀两县登陆后销往汀江沿岸和赣南等广大地区。

汀江的疏通为沿岸城镇提供了发展机遇，图为汀江穿流而过的长汀县城。

同时，汀江流域，包括赣南所产的木材、竹制品和其他土特产，也是在两县上船后流往东南各地甚至东南亚的一些国家。在南北宋时期北方战乱陆上丝绸之路不畅而广泛开发海上航线时，汀江还被称为"海上丝绸之路的蓝色飘带"——"上河三千，下河八百"，正是汀州成为赣闽粤边区最大货物集散地和经济贸易中心的特殊景观。

峰市

地处闽粤边陲的峰市，扼住汀江流出闽西的水路咽喉，成为永定西南角的交通重镇。在闽西盐道变更之前这里还只是个无人问津的穷山乡，后来逐步发展成为跨省的集贸口岸，甚至有"小香港"之称。

南宋以前，闽西食盐还是通过从福州、漳州陆运而来。

后来有商贩从广东潮州溯韩江、汀江而上，沿水路直接将食盐潜运至闽西，相比之下，这条线路比福州线要省时省力得多，其价格自然更便宜。长汀知县当即呈请正式开辟潮汀水道盐运路线，闽西食盐由此进入"潮盐时代"。因与韩江上溯闽赣最顶端的船运起卸点石市比邻，盐道的变更让峰市充分发挥了它的地理优越性——成为"潮盐"水运的必经之地，甚至是潮汀水路进入闽西的唯一通道，也顺理成章由一个穷乡僻壤发展为闽西重要的商埠和过驳口岸。

峰市曾有设立在汀江摺滩东岸的摺滩街，后转为城西的河头街（现存一些街道护坎和存货楼店），峰市街出现得最晚，其背靠双峰山，前临汀江，因水运而兴起。街道位置的变化，反映了峰市主要针对永定的市场已经逐渐扩

大，当时繁盛的程度还可以通过民国期间的一些数据得以证实：长近1000米、平均宽近6米的街市上拥有7个航运码头、6家会馆，中央、中国、农民、交通、汇丰等银行均在这里设立分行，300多家过载行（一种中介及承接转运业务的商行）临街密布，从事转口贸易；最盛期人口多达万人，商贾云集。兴盛的景象一直持续到新中国成立初期，后来因为陆路运

输条件得到改善，随着汀江水运的衰落，峰市也日渐萧条，1966年的一场洪水使沿河多间店铺倒塌，这个一度是闽粤"水客"聚脚点的市镇自此终结它在商业领域中的使命。

"金山银水"

在地质历史时期，闽西一直处于地壳活动活跃的状态。这样的地质背景，不仅遗留给闽西4.2万平方千米的火山岩区和崎岖的地表形态，更创造了矿产资源富集的条件。在这个聚宝盆中，已探明有60多种矿产，金属矿产有铁、锰、铜、铅、锌、稀土、钼、钨、金等，非金属矿产有煤、石灰石、大理石、高岭土、膨润土等。其中铁、锰、煤炭、石灰石、高岭土、膨润

龙岩水资源丰富，截至2011年，已建成电站水库超过200个，总库容达310188万立方米。

⊙长汀县　连城县

5 3 28

5 3 16

4 14 23

漳平市

3 8 33

3 13 25

7 12

⊙武平县　⊙上杭县　⊙新罗区

3 19

⊙永定区

图例
■ 大型水库
▨ 中型水库
▥ 小（一）型水库
▦ 小（二）型水库

北

水电站　水电站是一种将水能转换为电能的综合工程设施，一般包括由挡水、泄水建筑物围成的水库和水电站引水系统、发电厂房、机电设备等。利用这些建筑物集中天然水流的落差形成水头，汇集、调节天然水流的流量，再输向水轮机，经水轮机与发电机的联合运转，将集中的水能转换为电能，再经变压器、开关站和输电线路等将电能输入电网。图为上杭的金山水电站。

土等16种矿产资源储量均居福建首位，马坑铁矿储量为华东第一，紫金山铜矿储量为中国第二，东宫下高岭土矿是中国四大优质高岭土矿之一。闽西矿产资源潜在价值在1200亿元以上，矿业产值每年以10%左右的速度增长，矿产开发已成为闽西经济的重要增长点。

除矿藏作为闽西经济发展的王牌外，在特殊的地形条件下，水能资源的优势同样不可低估，汀江、闽江、九龙江三大水系上游流经闽西，地势落差明显，亚热带季风区降水丰沛，河流径流量大，水能的理论蕴藏量达214.5万千瓦，可开发量为188.1万千瓦，棉花滩水电站作为国家重点水利工程，具备60万千瓦的装机容量，现已并网发电。随着交通条件和输电设施的日益完善，闽西矿产资源与水能资源的开发利用相得益彰，被冠以"金山银水"的美誉。

采冶业

闽西作为矿产资源的聚宝地，为采矿业与冶炼业的出现和发展提供了得天独厚的基础条件。自北宋年间，采矿与冶炼业便初露端倪，元丰初年，

龙岩钢铁厂的高炉出铁口。

汀州已有金、银、铜、铁等矿场23处，"天下产金六，闽唯汀有之"，说明当时闽西采冶业在国内已具有相当明显的优势。明代汀州的开采矿业已经遍及长汀、上杭、永定、武平、连城等地，金、铜开采名列福建前茅，尤其盛产铁矿。铁矿石开采的发达自然带动铁制品的手工制造，当时仅上杭一地就有铁炉7座，专门从事铁制品行业的有几千人之多，冶炼工艺达到了相当高的水平，吸引很多地方的铁匠来到这里学习手艺，闽西冶炼工艺和铁制品遍及东南沿海一带，汀州铁在清代一度被定为朝廷贡品。但在新中国成立前的漫长历史时期，闽西采矿和冶炼都由民间兴办，均为手工方式生产，发展相对缓慢，之后国营、集体采矿业的加入使采冶业成为

闽西经济建设与对外贸易的重要支柱，每年规模以上采掘工业创造利润数亿元，成为龙岩第一大税源。

四堡坊刻

中国清代雕版印刷基地之一的连城四堡，曾与北京、汉口、浒湾并称为四大雕版印刷基地，其雕版印刷文化遗址是中国古雕版印刷基地的唯一幸存者，保存有较为完整的古书坊34座，还有古雕版、古书籍、古印刷工具等文化遗产。据说四堡坊刻为明代邹学圣所创，他卸任杭州太守返回家乡四堡时，带回苏杭的雕版印刷术，利用当地盛产的毛竹、枣木、梓木、梨木和香樟等材料，开始创立四堡印刷业。

四堡乡民多是躲避战乱的客家移民，始终保持着耕读

并重的人文思想，教育也发达开明，为四堡坊刻提供了深厚的文化环境和发展空间。四堡坊刻起家时，受资金、人员等条件限制，规模比较小，是典型的家族式经营，但发展极快，十几年间，已经有邹氏和马氏两大家族共100多家印书房、1200多名从业人员。此后近百年稳步发展，清乾隆到道光时期，四堡坊刻达到鼎盛，当时四堡只有500户人家，但印书坊就有300多家。江南50多个城市都有四堡的书肆（书店）。光绪五年（1879）《长汀志》有"刷就发贩几半天下"的记载，并形成从印刷、出版到分销的完整体系。销往北到湖南、湖北，西至广西、云南，南抵广东等共13个省份的150多个县市，良好的销路主要缘于四堡纸张质地好、装帧考究、印刷品种繁多，甚至诸如《金瓶梅》等禁书在四堡都曾有过刊印。这种辉煌的景象持续120多年后，由于近代出版机构的迅速发展和石印、铅印技术的出现，四堡传统的坊刻在效率和质量上都受到强烈冲击，从道光以后开始出现衰落的迹象。随着科举制度的废止，作为四堡主要印品中的四书五经渐渐无人问津，四堡坊

连城四堡是中国清代四大雕版印刷基地之一，坊内保存完好的古雕版、古

书籍是其雕版印刷业发达的见证。

姑田宣纸厂至今仍延续着手工造纸的工艺。图片自上而下，分别为晒白、捞纸和焙纸。

刻也默默地退出了印刷业的历史舞台。

手工造纸

崇山峻岭中遍布的毛竹可作为造纸的主要原料，闽西因此拥有造纸业得以蓬勃发展的物质基础。手工造纸是闽西历史上最普遍也最成功的手工工业，其历史可以追溯到五代十国时期，而且辐射范围广，在连城、长汀、永定、武平等地都有所发展，成为当时边区最主要的支柱手工业之一。明末清初发展到鼎盛时期时，纸槽总数达六七百家，仅汀州每年产纸量就有6000多吨。《上杭县志·实业志》中记载，上杭每年运往东南沿海的纸张价值不下百余万银圆。延至清代，从事造纸行业的多达万户，纸商是当时汀州在外开设的会馆中最为活跃的群体之一。闽西手工造纸中以连城宣纸最为著名，因质地柔软、吸墨均匀而广受古今书画家喜爱，遍销中国乃至东南亚各国。此外，长汀的玉扣纸、连城的连史纸一直都是四堡书商的用纸，甚至受到几朝皇家的青睐，成为奏本、手本的主要纸源。

闽西的手工造纸盛极一时，宋代以后一直位居福建前列。直到近代开埠以后，洋纸入侵，以其机器生产的高效和高质，抢夺了造纸业的市场，使得闽西手工造纸业日益萎缩，随着机器造纸的进一步发展扩张，传统手工造纸工艺也渐渐消失。

永定晒烟

以永定晒烟作为原料制成的条丝烟，曾被誉为"烟魁"，是明、清两代的朝廷贡品，曾于1910年南洋劝业会和1914年美国旧金山万国博览会上两度获奖。永定得天独厚的自然地理条件、先进的栽培技术和"细切如丝"的加工技术，使这里的晒烟有"独著于天下"的优势。

闽西种烟的历史可以从明万历年间算起。福建商人从菲律宾带回烟草种子和种植技术，并在闽南一带开始种植，后来由漳州传到汀州。当地雨水充足，夏季高温，秋季晴天多阳光足，优越的自然条件使得种烟制烟产业一发不可收，所产烟丝畅销全国。其中，产量和销量最大的当数永定，清道光年间，永定三四成以上的肥田均开辟为烟田，总面积达20多平方千米，年产烟量150万—180万千克，条丝烟年出口

永定的光热、土壤条件均很适合烟叶生长，尤其是丘陵间的平原气候温凉，常可见大片的烟田。

数万箱，年创值400多万银圆。

就晒烟质量而言，永定当地民众有"一深塘、二湖洋、三凹下、四利坊"的顺口溜，乌骨子、红骨子、湖耳烟等均是当时晒烟中的上乘品种。当时，永定人开设的烟丝行遍及长江南北各省，永定烟丝除内销福建，还销往广东等省以及远销东南亚各国。直至晚清末年，永定烟业开始走向没落，最开始是永定烟商因不堪日本的重税纷纷退出台湾市场，接着日本人借此逐渐占领市场，到了七七事变后永定烟业已一落千丈，至1949年永定所产烟丝基本只能满足境内需求。

上杭靛商

就陆路交通而言，群山环抱的闽西出入甚为不便，但地处闽、粤、赣三省交界之处，且有汀江、韩江等水路优势，使得跨省贸易极为发达，靛商即沿着这些水路奔赴中国各大市场。他们所经营的蓝靛是一种天然织物染剂，为闽西畲族、瑶族深蓝色传统服装所用的染料，提取自宋代就开始种植的经济作物——菁草，也称蓝草，有马蓝、木蓝、蓼蓝3种。

蓝草是闽西印染业主要的原材料之一，明清时期种蓝业开始迅速普及，史载"种菁之业，善其事者，汀民也"。当时闽西主产的"福建菁"因色彩光润，名噪一时，素有"蓝甲天下"之说，"菁寮"几乎成为畲族聚居区的代名词。民国《上杭县志》记述当时"邑人出外经商，以靛青业为最著"，在省外还出现专门推销靛菁的"靛帮"，其中最重要的仍是汀州府的靛商，永定、上杭、新罗、连城、长汀等地均有从事靛业经营者，而以上杭靛商最为活跃。但种蓝者和靛商在原料产地都获利甚少，因此清前期上杭靛商也与汀州其他地方的靛商一样，主要利用靠近原料产地的有利条件，将靛业扩展到全国重要都会之地，特别是离蓝靛的重要消费市场较近的浙南闽东地区，如杭州、苏州、松

四堡锡业　四堡在历史上除了以雕版印刷为盛，还是闽西著名的"锡器工艺之乡"，明万历年间就曾出过闻名全国的"锡状元"吴一龙。明清时期，这里的打锡业一度发展到90%的当地农户都以打锡为生，且打锡手艺代代相传。锡器打制要经过化锡、制锡片、裁形、定形、抛光和吹焊6道工序，成本高昂，在普通民众眼里一度曾作为品位和价值的代表，更是女子出嫁时必不可少的嫁妆。

江、常州、镇江等地，纺织业发达，丝绸棉布生产需用大量蓝靛、苏木等作染料，所需之靛主要从外地输入，福靛是重要来源。上杭商民在闽浙边区大量从事靛业生产与贩运，使福靛一度控制全国靛业之销售，东南亚各国亦有上杭靛商活动的踪迹。当时上杭靛商在各地从事靛业也很有组织性，江西、浙江、广东、上海、汉口等处，在省郡总会馆外都有上杭会馆。闽西靛业的衰落是在民国时期，"洋靛"在国内市场的大量充斥，因价廉物美而迅速挤垮了中国的蓝靛种植业和加工业，蓝靛业逐渐萎缩，上杭靛商的辉煌亦不复往日。

蓝色是瑶族等少数民族传统服装的颜色，靛在本区用量颇大，在交通不便利的明清时代，皆由靛商由省外运入。

连城木商

　　山多地少，种植业极不发达，这原本应是连城经济发展的劣势，但当地人通过发达的木业扭转乾坤，使连城从明代开始一直到抗战结束，都一直是手工业和商业集中的繁华小镇。当时连城的山民不以种田为生，而是从事各类手工业，充分利用当地丰富的森林资源从事采伐和木材经营，几乎每家每户山民门口都堆满等待出售的木料。

　　闽西自古就是东南重要的

连城山民屋前堆积的待售木材。

林区之一，汀江航运的开通又使木材外运的通道畅通无阻，为连城农民"弃田种山"成为"山民"提供更大的便利。倚靠境内80%以上的森林覆盖率，连城的"山民"主要是以经营木材为主，成为最早的木商，以至于后来成为闽西木业发展的代名词。汀江作为闽西木材外运的唯一通道，往来的木筏和竹筏上最大宗的货物就是木材，货主绝大多数都是连城木商，被称为"筏客子"，他们顺江而下将木料运往广东潮汕等地，当时东南沿海甚至出口到东南亚的木材，都有相当一部分来自连城木商之手。

棚民

交通不便从古到今都是闽西山区经济发展致命的弱点，但闽、粤、赣三省交界的地理位置，使其边界贸易有一定的优势。"棚民"就是在这样的环境下出现于明代中后期的一个特殊群体，他们在山间搭建起简易的窝棚，利用山区的土地、矿物、森林等资源，从事农业、手工业生产等活动。其中既包括从各地奔赴闽西边区从事商品生产和交易的商人，也包括闽西前往广东、湖南、湖北、安徽等远离原料地的消费市场搭棚经商的群体。

外地来的棚民利用闽西各县山区地旷人稀的有利条件，从事种麻、种蓝、栽烟等区域性特色农业，并因此获得丰厚的回报。高利润也吸引了闽籍商人的目光，他们相互招引聚集此地，在简陋的棚屋内进行纸张、蓝靛、烟草的加工制作和交易。后来闽西纸业、靛业、烟业、茶业得以大规模发展且产品远销东南沿海甚至东南亚各国，这些棚民可谓功不可没。同时由于移民后闽西人口的增加速度快，明代中后期开始有汀州府商民外出经商，尤以清代出现大量富余劳动力后，外出经商谋生的棚民更多，逐渐蔓延于广东、江苏、河南、陕西、四川等各省山区，"凡山径险恶之处，土人不能上下者，皆棚民占据"。这一进一出，改变了闽西一向只外销原料的状况，出现大量利用本地原料进行加工的制成品，无形中加强了产品和技术的内外流通。

走圩贩

与今天活跃在不同集市间进行买卖活动的小商贩一样，自清代开始，闽西就已经出现了以此为生的一族，人称

走圩贩常用竹篾围成临时围栏，沿街贩卖家禽。

"走圩贩"。由于当时人口分布不均，缺少固定的货物集中供应地，择日流动的圩市便应运而生，市场上小到针头线脑之类的日常用品、大到粮食等大宗产品应有尽有。因圩日当天货物充足，商品价格较平时要低一些，且各地圩日之间有一两天的时间差，货物间也常存在或大或小的差价，走圩贩正是利用这一空当，从一个圩市将低价商品贩运到另一个圩市以稍高的价格售出，从中赚取差价。走圩贩所贩运的商品中，以大米、大豆和家禽牲畜为大宗。

通常，北部的宁化、清流等县粮食价格比较低，连城以南地区则较高，走圩贩常在圩日前一天从北部圩市购买粮食，次日或隔日运到连城南部

圩市出售。介于汀州南北部之间的四保（四保在地理范围上包括今天长汀、连城、清流、宁化四县毗邻地区的几十个村落，今连城四堡为其主体部分），因占据了天时地利，走圩贩常年在这里往返不绝，数量也最多。清末至民国时期四保圩市发展到最繁盛时期，雾阁南桥街除有零食店、糕饼店等20多间常设店铺外，在圩日还有专门供摆摊用的庄子50多处，每圩平均交易额在4000银圆左右。据记载，当时雾阁村以走圩为业的多达百人，全村90%以上的成年乡民都有过贩运的经历。

龙岩林区

龙岩以山地丘陵为主的优势地貌是森林资源形成的优越条件，其中近78%的面积被森林所覆盖，可以说森林是闽西自然要素中最为重要的组成部分，木材也是自古至今闽西最重要的输出物资之一。自宋元时期，闽西林木产品及副产品就已输出到东南沿海并占据同类产品的半壁江山。

龙岩林区的森林植被多样性较为显著，植物种类繁多是其最大特点，包括香樟、甜槠、马尾松等高大乔木、杜鹃、桃

金娘、金边瑞香等灌丛以及山坡、谷地随时可见的毛竹，种类超过3000种，其中尤以竹类最多，经济竹类有近90个品种，毛竹蓄积量超过2.4亿株。作为福建三大林区之一的龙岩林区，在近15913平方千米林业用地面积中，林木蓄积量高达7232万立方米，占整个福建的20%以上。龙岩林区无论从单位面积内的森林种群数量还是林木密度而言，在中国都是少见的。丰富的森林资源从环境角度而言，是闽西不可多得的天然调节器，素有"绿色宝库"之美誉，更重要的是使林业成为闽西重要的经济支柱之一。

马尾松林

马尾松林作为中国东南部亚热带地区分布最广、资源最多的森林群落，其分布特征在闽西得到了最好的印证。在闽西多样的森林资源中，马尾松林占有相当大的比重，是经济用材林的优势资源，当地主要的建筑用材大都来源于此。

从生态学特征角度而言，马尾松为喜光、喜温的林木类型，而闽西海拔200—800米山地丘陵的水热条件适宜度极高，成为马尾松林最理想也最

集中的分布区，其平均树龄可高达26年。马尾松耐干旱和贫瘠，适应性强，是荒山和迹地造林的首选树种，闽西现存的天然原生林面积不大，多为马尾松次生林和人工林。飞机播种的次生林常与其他阔叶树种一起形成混合林，人工林则树种结构相对单一，也更为密集整齐，平均高度10—15米。作为建筑材料，马尾松历来是闽西山货外运的主力军，自宋元时期，"上河三千，下河八百"的汀江运输中，大宗货物主要就是以马尾松和毛竹为主的木材原料。此外，从马尾松中提取的松脂还是松香和松节油的主要原料，丰富的马尾松资源使闽西成为松脂的重要产区。

长汀竹林

闽西全年气候温和湿润、雨量充沛，特别适宜毛竹的生长，低山丘陵地区毛竹遍布。其主产区长汀，毛竹林面积约320平方千米，储蓄量达到5800万株，年产毛竹12万吨以上，产量位居闽西第一位，具有"毛竹之乡"的美誉。仅在四都楼子坝村，其5.8平方千米的山林面积中，竹山就有4.4平方千米，约占76%，

竹子采伐和加工成为当地经济增长贡献率最高的产业。除了作为建筑原材料外销，长汀盛产的玉扣纸和"八闽山珍"笋干，竹挂屏、竹根雕、竹笔筒等竹工艺品，也都是毛竹的恩赐之物。在长汀，竹子可谓已深入寻常百姓家，不仅用于修建竹屋作居家或牲舍等，还将竹子制成凉席、箩筐、背篼、簸箕、筷子等日常用品，在土地革命战争时期，长汀人甚至还把毛竹片做成弓箭等参加革命。

"高山花园"

在漳平的最南面，有一处平均海拔780米的高山盆地，四周被博平岭和戴云山余脉的群山所环抱，中间一马平川，低纬度、高海拔的独特地形使得盆地气候冬暖夏凉，年平均气温只有17℃，四季如春，山清水秀，永福就坐落在这里。这是一处不仅适合人居，还盛产各种名贵花卉的"高山花园"，为中国著名的三大花乡之一。永福种植花卉的历史久远，南宋时，住在这里的畲族就已经开创了花卉种植的先河。现今永福盛产五色茶花、素心兰、瑞香、苏铁、西洋杜鹃等1100多个花卉品种，其中尤以杜鹃最为盛名，其种植规模约3.3平方千米，兰花0.67平方千米，还有瑞香、君子兰、铁树、倒挂金钟、贝仙、海棠等花卉0.67平方千米，年产各类花苗近500万株，所产花卉装点了南方各省乃至东南亚各国的鲜花市场，2000年永福还被列为"杜鹃花之乡"。

上图：由于盛产竹子，当地人因地制宜，发展了如竹席生产、竹根雕等在内的加工业。中图：永福的花卉种植大棚。下图：温润多雾的云顶茶园。

云顶茶园

新罗小池的山狗凹，位于市区西郊云顶山南腰海拔800—1800米处，是九龙江的源头之一，也是云顶茶园所在地。优越的自然环境是茶园得以形成的物质基础：地势由北向南倾斜，中间较低，两侧各有山谷，这既有利于东南季风降水的形成，又可阻挡冬季寒冷的西北季风，冬无严寒、夏无酷暑；1600—1900毫米的年降水量以及茶园内5条小溪流的润泽，使这里水分充足，湿润多雾，加上酸性土壤广布，正符合了需水量大、喜酸性土壤的茶树的生长需求，因此种茶成为这里由来已久的传统。1985年国有农垦茶场成立，1999年在原有规模上有所扩大，并更名为云顶茶园。云顶茶园是福建首家高山茶生态园，现有茶园面积7.3平方千米，重点培育丹桂、春兰、九龙袍、黄观音、金牡丹、黄玫瑰等茶叶品种。

温泉养殖

闽西地下水资源丰富，已经发现的包括河田温泉、浮蔡温泉、汤湖温泉等温泉、热泉几十处，水温大多在40—60℃，富含各种矿物质，当地正是充分利用了这一优势资源，发展温泉养殖。温泉养殖最大优点是水温恒定，可以减少鱼类由于冬季水温偏低而进入生理休眠的时间，缩短生长周期，甚至当年就可以见效收益。又因温泉中水草茂盛，浮游生物等饵料资源种类繁多，鱼产品味道独特，河田温泉鱼便是以鲜嫩肥美著称。

温泉养殖程序比较简单，只需要在温泉的下游挖池蓄水放养鱼苗即可，适宜温泉养殖的种类也较多，有草鱼、鲢鱼、鲤鱼等品种。自1985年以来，漳平就在大坂温泉进行棘胸蛙养殖研究和温泉缩短甲鱼养殖周期试验，1987年，闽西已有6处温泉用于养鱼或热带鱼越冬保种，使热带鱼类在温带地区进行养殖成为可能。如今闽西温泉开辟的多处热带鱼类养殖场已有较大规模。

闽西温泉养殖约始于明代。据说当时长汀的温泉中有一种野生的圆扁鱼，通身无鳞，半透明，出水后全身立即浮现无数血丝，沸水稍煮即熟，肉味鲜美。后来人们便在温泉下游挖池，放鱼苗尝试养殖，发现这些鱼苗对池塘环境非常适应、发育良好，半年即长成大鱼。温泉养鱼法就此在

温泉水温恒定，可使产鱼率及质量大大提升，是本区养殖业一大优势。

长汀沿袭下来，至今已有数百年历史。

东留电站

东留电站位于武平中山河干流上游，属韩江水系。中山河流至东留永福村时形成一个峡谷，名为雷峰灶，拦河大坝即建于此，发电厂房设在中山上峰村。自1998年建坝蓄水，历时2年的建设，高近55米的拦水大坝、引水系统、厂房及开关站等工程陆续竣工，并于2000年末投产发电，设有2台总装机，单机容量1.25万千瓦，是中山河梯级开发系列水电站的龙头电站，也是武平仅有的1座中型水库电站。呈狭长状展布的库区水面有1.86平方千米，南北长约8000米，库水通过总长度3675米的隧洞输送到上峰村新电站进行发电。东留水库是水量丰富、落差高达800米的中山河在武平境内最为开阔的一段，蓄水后，淹没面积形成"五湾四岛"的格局，水库总库容量为2380万立方米，实际控制流域面积230多平方千米。

龙岩冠豸山机场

龙岩冠豸山机场距连城城区约4千米，位于连城冠豸山

龙岩冠豸山机场大楼。

脚下的谷地之中，周边群山遮蔽。20世纪50年代建成投入使用时是军用二级备用机场，称"空军连城机场"。2000年按4C级标准改建成民用航站，实行军民合用，定位为国内支线旅游机场。2年后机场按旅客吞吐量为14万人次、货邮800吨的规模扩建，停机坪占地28000平方米，跑道长2400米，起降能力为每小时3架次。现已开通龙岩—北京、龙岩—深圳、龙岩—上海、龙岩—福州4条往返航线。

赣龙铁路

在闽西、赣南山区，经济发展长期受制于交通条件的落后。赣龙铁路于2001年在江西赣州和福建龙岩同时破土动工，2005年正式通车运营。铁路全长290千米，与漳龙线上的龙岩西站接轨，东连鹰厦铁路，向西途经新罗、上杭、连城和长汀，西通江西境内的京九铁路段，成为东南沿海贯通中南、西南地区新的大陆桥。

早在1914年，这条铁路线就已经进行过多次勘测，孙中山在《建国方略》中设想的"赣闽铁路"就是赣龙铁路，只是限于当时的技术和经济条件，一直没能付诸实施。赣龙铁路穿越武夷山脉南段和戴云山脉两大峻岭和众多河流，地形崎岖险恶，地质条件十分不稳定，大型工程施工极有可能诱发地震、滑坡等地质灾害；建成后桥梁总计148座，隧道121座，桥隧道全线比例为35.48%，仅闽西境内158千米的铁路线中就有近全长度50%的桥梁和隧道，几乎每千米内都有分布。这也是自从有设想后近百年才最终修建铁路的原因所在。但建成的赣龙铁路从收益上来说，确实对闽西丰富的矿产资源、旅游资源开发和

为克服山多谷深的困难，在闽西的山地间架设铁路时往往多需高架悬空，远远望去，蔚为壮观。小图为赣龙铁路等

本区多条铁路路线示意图。

物资调剂起到积极作用，厦门至南昌两地的铁路运输时间因此缩短了5个多小时。

紫金山金铜矿

上杭是闽西矿产资源最为丰富的地区之一，包括金、铜、银、锌、铀、铁、大理石、石灰石、瓷土、辉绿石、萤石、石膏等，已经探明的资源种类有30余种，与之伴生的还有明矾石、银、硫、镓等数十个矿种，矿点达100多处，包括紫金山金铜矿、湖洋碧田银矿、吊钟岩石灰岩和官庄汉白玉大理石等多个大中型采矿区。其中位于上杭县城以北、汀江左岸的紫金山金铜矿区为中国规模最大的露天矿区，面积约4.4平方千米。

紫金山金铜矿的形成离不开特殊的地质条件，最直接的影响是燕山晚期的次火山作用，深源的岩浆沿火山通道和构造断裂带上升侵入浅层地壳或近地表，密度较大的金属元素在岩浆冷凝的过程中下沉，形成垂直分布的矿产结构，并形成富集矿床。金铜矿床大致以700米标高为界，上部为金矿床，下部为铜矿床，被喻为"铜娃娃戴金帽子"。总长度、宽度、厚度都超过1000米。自1984年勘探成功后，发现平均品位1.2克/吨的金矿探明储量138.134吨、平均品位1.06%的铜矿储量有205万吨、石灰岩储量在1亿吨以上、汉白玉大理石储量近1000万立方米，还有萤石、稀土、辉绿石等多种具有开发价值的矿产资源，为国家级特大型矿产基地。2008年，因其黄金单体矿山储量最大、采选规模最大、产量最大、矿石入选品位最低、单位矿石处理成本最低、经济效益最好等优势，被中国黄金协会评为"中国第一大金矿"。

马坑铁矿

作为中国著名特大型隐伏磁铁矿床之一，位于龙岩盆地南缘的马坑铁矿，具有矿体埋藏深、岩溶发育、地下含水丰富等特点。马坑铁矿于1958年被发现，1984年结束勘探工作，东西长约4000米、南北宽700—1000米，因位于新罗南部的曹溪马坑村，故得此名。

整个矿区尤以西矿段的资源最丰富，矿层平均厚度54米，最厚处达230多米，品位接近40%，这在国内铁矿品位普遍偏低的状况下，确实是一笔难得的资源财富。马坑铁矿区内的主矿层单一稳定，且矿体集中，探明储量磁铁矿为4.34亿吨、钼8.29万吨，是典型的铁、钼伴生矿床，被誉为

本区多种矿产资源已得到较深入的开发，如紫金山的金铜矿（左图），以及马坑的铁矿（右图）。

"华东地区最大的磁铁矿床"。闽西本不是一个矿产资源特别富集的地带，之所以有如此大规模的铁矿存在，主要得益于石炭纪时期永梅拗陷的加深，发育了一条横贯拗陷区的断裂带，使盆底开裂、引起海底火山活动，岩浆溶液与海水的混合，形成了海相沉积的矿脉。正好处于拗陷最深部位的马坑铁矿，占据了矿脉的核心位置，因此成为本地区重要的铁矿成矿带之一。

东宫下高岭土

中国四大优质高岭土矿之一的东宫下高岭土矿，矿区位于距离新罗东城4000米处，是典型的黑云母钠长石花岗岩风化后的残积物，经过沉积和固结成岩后形成的特大型矿床。在约10平方千米的矿床面积内富集了一条长1888米、宽175—730米、厚度为20—90米、探明储量达5294万吨的优质高岭土矿体。总体上来说，东宫下高岭土矿体大致呈层状展布，但在局部地区也有少量呈囊状镶嵌在花岗岩和变质花岗岩岩体中。东宫下高岭土从质地类型上划分属于砂质高岭土，矿石自然白度较高，相伴生的铁、钛矿含量低，很容易

东宫下高岭土矿可露天开采，年产原矿60万吨，产品被称为"龙岩土"。

分选和冶炼。这样的高岭土最适于直接用作制陶器的原料，而且在成瓷性能上较其他类型的高岭土更为优越。

由于地质条件的特殊性，矿床埋藏浅，使得露天开采成为可能。自20世纪80年代以来，龙岩加大了对矿产资源的开发，高岭土的开采迅速崛起，成为闽西乃至整个福建的优势资源之一，除陶瓷外，在造纸、涂料、化工、甚至医药和国防方面都有广泛的应用价值。如今的东宫下高岭土矿区已经成为中国最大的高岭土露天采矿区和最大的陶瓷用高岭土矿区，高岭土加工的主导产品为超细高岭土和水洗高岭土等系列产品。

庙前锰矿

连城庙前境内锰、铅、锌、钨、钼、煤、铁、水晶、硫黄、石灰石等矿产资源极其丰富，

正是这一优势，使得庙前成为连城乃至闽西重要的工业重镇。在矿产资源的系列开发中，锰矿以其储量大、地质条件简单具备露天开采优势、产状多样和品位高而成为重要项目，包括硬锰矿、锰土和锰褐铁矿在内累计探明储量近150万吨。矿品位一般在25%—40%，为少见的富锰矿床，并伴有铅、锌、银、铁等多种矿物，交混有一定数量的黄土、黏土等杂质，但随着冶炼技术的日益完善，这些伴生矿和杂质不但不影响锰矿的开采，还为锰矿的综合利用奠定了基础。庙前是中国八大高锰含量产区之一，也是冶金、化工原料的重要基地。制成品包括天然放电锰粉、二氧化锰粉、玻璃和陶瓷用化工锰粉等多种，用于电子业和化工业。

关于庙前锰矿的成因说法不一，据连城锰矿地质队的考

查，庙前锰矿是在断裂破碎带或古岩溶堆积中赋存而成。从位置上也可以为这一观点寻找理论依据，庙前锰矿区位于永梅拗陷带中部，有不同地质时期的火山岩穿插分布，说明地质构造和岩浆活动一度较为频繁，这为多金属矿产的富集提供必要的物质基础。除庙前锰矿外，连城境内还有兰桥锰矿，武平、上杭、永定等地也都有锰矿床分布，这与永梅拗陷带都有着密切的关联。

连城宣纸（小图）韧度高而色持久，为福建传统雕版印刷工艺所常用。

连城宣纸

相传，宋代时宣纸的制造工艺由安徽传到福建邵武，继而南下传入连城。起初，连城人用萱草与榆树皮制作宣纸，后来姑田的蒋小林率先掌握了利用当地的竹子制作宣纸的工艺。此后不断改进工艺，连城宣纸的品质日益提高，使其以洁白柔韧、细腻平滑、吸水力强、保色持久、使用寿命长五大特点与安徽宣纸并称为中国两大宣纸。

姑田有古言"片纸非容易，措手七十二"在当地广为人知，连城宣纸能有"百年不褪色、千年不变黄"的美誉，

与其繁杂的制作工序是分不开的。其传统制作主要分为备料和制纸两大流程，需8个月才能完成，单是竹丝的天然漂白工序就多达72道。复杂而精益求精的制作，使连城宣纸以其明显的优势受到书画家的青睐，逐渐创立了自己的品牌。清嘉庆年间连城纸业发展到鼎盛时期，年产纸张达13万担以上，根据不同的用途发展出奏本纸、玉版纸、加重纸、行重纸等，其中的奏本纸为嘉庆朝廷贡纸。清乾隆年间，连城宣纸的京练纸和黄榜纸成为官纸而分别用于科举考试和书写官府榜文。在同一时期处于鼎盛的四堡书坊，也多用连城宣纸来印制书籍。19世纪

末巴拿马的国际博览会上，连城宣纸获得金质奖，从此远销越南、泰国、缅甸等东南亚各国。民国初期是宣纸发展的第二个黄金期，纸业成为连城当时的支柱产业。如今，随着机械化的普及，手工生产的连城宣纸日趋减少，成为现当代书画家使用和收藏的珍品。

玉扣纸

"纸之精致华美者称花笺。"《辞海》中描述的"花笺"所指的正是今天的汀州玉扣纸，又称"官边"，是手工土纸的一种。汀州毛竹资源丰富，竹材纤维细嫩、质地柔韧，具有很强的耐拉度，并且在高山密林流出的清澈山泉是最理想的造纸用水，这是长汀玉扣纸生产的资源优势。生产玉扣纸时，以质地良好的嫩竹为原料，生产过程全部是手工操作，继承了蔡伦时期的造纸工艺，所得纸张薄厚均匀，纸面平展光滑，韧性较好，就算吸收过多水分也不会像普通纸张一样溃烂。其制作过程中采用石灰进行腌制，留下特殊的化学物质，还能有效防止虫蛀，而且经久保存，墨迹和色彩不褪，为历代王朝的奏本用纸，又因其洁白如玉，所以美其名曰"玉扣纸"。

汀州玉扣纸自古是长江对外贸易的传统产品，从清代至民国初年，都在土纸行业中占据重要地位。早在宋代，玉扣纸就开始用于印书，汀郡地方志书、民间档案、宗祠族谱以及寺庙的经本都选玉扣纸记录，可以长期保存而不发黄褪色。被誉为"中国清朝时期的四大雕版印刷基地之一"的连城四堡，繁盛时期有"垄断江南，行销全国，远播海外"之称，其刻书纸张质地优良，其中玉扣纸的使用就占了较大比例。

素心兰

兰花种类繁多，而素心兰是以唇瓣上无任何杂色斑点而成为兰中极品。不开化时，素心兰的样子很普通，远远看去就像一簇青草，近观则不然，细长且翠绿的叶子或挺立或低垂，叶缘还带有细小的锯齿，平行叶脉若隐若现；花开之后，黄绿色的花朵挺立在花茎之上，一茎可生花二三朵，清新无瑕。

素心兰的种植历史悠久，早在明万历年间成书的《云南通志》里就有关于素心兰的详细记载，闽西地区人工栽种较为普遍，连城、长汀、漳平等地都有分布，其中漳平永福和连城朋口两地的种植最具规模。永福为盆地地形，纬度低，海拔高，兼有高山气候和亚热带气候特征，四季如春，有人面桃的素心兰栽培，朋口同样是在温润的自然条件下栽培素心兰，成为中国最大的素心兰生产基地，《兰华谱》中所提到的早期进贡皇室的"十三太保"就是闽西出产的素心兰。

杭梅

杭梅被视为一种奇特的果品，它如杏似李的"四不像"外表，以及在降血脂、预防心脑血管疾病和抗癌等方面有独特的功效，因此被李时珍列入《本草纲目》。杭梅实际并不是一种梅，而是各种传统青梅的统称。上杭是福建三大果梅产区之一，所产梅果有机酸含量高，加工而成的乌梅即

上杭古田花农用大棚种植兰花。

左图：上杭梅干的制作工场。右图：永定湖坑洪坑村村民晾晒红柿。

"杭梅"，上杭也曾作为乌梅出口基地而著称。但在上杭制作乌梅的主要为胭脂梅，这种梅个头虽小，但酸味最浓。上杭关于杭梅的栽种和加工的历史可以追溯到600多年前，早在明代时一度被奉为宫廷御用果品。此后，杭梅还随着汀江、韩江顺流传到东南沿海和东南亚地区广泛栽种。

上杭地处中亚热带地区，多年平均气温16℃，年平均降水量近1640毫米，气候温和湿润，无霜期长，适于杭梅生长，2011年全县总产量达7000多吨，产值3000万元。2012年"上杭乌梅"获国家地理标志证明商标。加工成的乌梅远销日本、马来西亚、泰国等地。

苏坂蜜柚

苏坂是新罗典型的多种经济并重的农业乡，在蜜柚、芦柑、脐橙、香蕉、花生、甘薯、西瓜、烤烟、绿笋、粉干等多种经济作物中，蜜柚是风头最盛的一宗，已经成为苏坂乃至整个新罗的地理标志。福建各地虽然都有蜜柚种植，但闽南、闽西等地纬度偏低的亚热带季风气候区，因热量较其他地区更为丰富，无霜期多达11个月，雨水充足及多山地丘陵等，为开山种柚提供了更理想的自然条件。闽西苏坂所产的蜜柚个大皮薄，水分充足，汁味香甜如蜜，被称为本土出产的"柚王"。

苏坂大规模种植蜜柚始于20世纪80年代，现种植面积已经超过13平方千米，每到柚子成熟的季节，满山遍野的金色蜜柚纷纷被摘下，有时甚至在蜜柚还没有完全成熟时，就

已经有柚农在水果商的催促下开始采摘。蜜柚销往北京、上海、广州等20多个省市的水果市场。

无核红柿

永定各乡都有无核红柿的栽培，在柿子成熟比较集中的秋季，山前坡后，如霞似火的红柿挂满枝头，场面煞是壮观。尽管红柿不只在永定才有种植，但相对于其他地区而言，永定常年气候温和，雨量充沛，干湿季节明显，年均日照在2000小时以上的气候条件优势，使永定红柿不仅产量更胜一筹，味道更加清甜爽口。

红柿在永定的种植历史悠久，早在南宋时期就随着中原而来的客家先民传入本地，已有800多年，后经过数十代永

足柿农还少驯化和栽培优选，才培植成为现在的无核红柿。除了每年当季直接销售鲜果外，永定人还不断研制出柿饼、柿脯、柿酱和柿酒等系列产品，解决了柿子不易贮存和长距离运输的难题，把永定红柿销往全国各地，在日本、美国等地也有市场。发展至今，永定有2万余农户进行产业化红柿经营，种植面积达57.3平方千米，产量达6.4万多吨，是福建柿子产量最多的地区，并已成为华东地区最大的红柿生产基地。

上杭松脂

松脂是松树生长过程中由于光合作用和复杂的生物化学反应而伴生的产物，为无色透明的油状液体，割开树体后会自动流出来，是生产松香、松节油的主要原料，还可以深加工制成松香胺、松油醇、松香腈、合成干漆等产品。松脂作为一种天然的再生资源，一棵松树在达到采脂年龄段后，可连续采脂15年以上。

闽西境内山多林密，林产品丰富，其中松脂产量在福建省内乃至国内都占有重要份额。20世纪50—80年代，全区产出松脂50多万吨，以上杭、永定、武平三地为主。上杭成为松脂的重要产地，得益于其位于玳瑁山脉主体部位，还有武夷山脉南段在境内延伸以及梅花山自然保护区的覆盖，山峰耸立，林业资源丰富，是南方林区的重点县，山区森林覆盖率达到75%，尤其松毛岭山脉以马尾松等松树为主，蕴藏着丰富的松脂资源。夏季气温高，雨量多且湿度相对较大，光合作用强，树液流动加快，产脂量增加，上杭年产出松脂5000—7000吨，居福建第二位。

割开松树树体后流出来的含油树脂。

河田鸡

长汀河田地处闽西山西的腹地，在优越的亚热带农业气候和复杂的地形条件下，稻、薯、豆等农副产品丰富，米糠、稻谷、菜叶及薯类等都可以作为饲料，因此这里饲养家禽的习惯由来已久。最有特色的河田鸡养殖，已占长汀家禽80%以上的饲养量，与温泉、宗祠一条街并称"河田三宝"。

虽然闽西大部分地区都饲养河田鸡，但以长汀和上杭两县最为突出，2011年长汀出笼河田鸡605万羽，其中以河田为中心产区。河田过去因交通不便，环境封闭，几乎没有引进任何外来鸡种，河田鸡遗传性稳定、纯化度最高。与普通家鸡相比，河田鸡在体态特征上最大的区别是除尾羽与镰羽、颈和翼为闪亮的黑色外，其他地方均为黄色。一般情况下，河田鸡多采用放养形式，在房前屋后、田间地头自由觅食。形成规模以后，笼养也较为普遍。其喂养方法十分讲究：童鸡以米糠、麦皮、青草为主喂养；阉割后的公鸡以细米糠、玉米粉配以地瓜等制成的精料饲养；成鸡喂以稻米或糙米饭。如此所产的河田鸡肉味纯正，牛磺酸的含量为普通鸡的近40倍，与江西乌骨鸡齐名。

白鹜鸭

在连城北团、城关、塘前等地，几乎家家都饲养白鹜

河田鸡（上图）和白鹜鸭（下图）皆为闽西特产禽畜，养殖规模都不小。

2011年达166万只，与龙岩瘦肉型猪、长汀河田鸡、龙岩山麻鸭等一起构成闽西畜牧业的优势资源，形成规模生产经营，在农业总产值和农民纯收入构成中占主体地位。

漳平水仙茶饼

漳平水仙茶属乌龙茶类中唯一的紧压茶，其制作综合了闽北与闽南乌龙茶的初制技术，主要特点是晒青较重，做青前期阶段使用水筛摇青，做青后期阶段使用摇青机摇青，成茶兼具闽北与闽南乌龙茶优异品质的特征。由于水仙毛茶条索疏松，携带不便，且易于吸湿变质，因此，在工艺流程中于炒青、揉捻工序之后增加了一道捏团的工序，后来又逐渐改用一定规格的木模压制成方形茶饼，再经精细的炭焙，形成风格独特、风味传统的漳平水仙茶饼。其色泽乌褐油润，用包纸定型，所以又称"纸包茶"。

漳平水仙茶最早产于双洋中村海拔1366米的石牛崆，这里气候湿润、雨量充沛，光照偏弱的特征利于茶树的生长。在云雾缭绕的峭壁之上，有几十株水仙茶母树，其中最大的一棵高达7.35米、胸径1.3米，

鸭，少则几只，多则成百上千。白鹜鸭年产蛋200—240枚，肉质鲜美，是禽类中的优良品种之一。白鹜鸭是中国麻鸭的一种小型白色变种，躯体修长结实，行动轻快，平均体重1.4千克左右，全身羽毛洁白，兼具鹜和鸭的特征，"白鹜鸭"之称大概由此而来，当地习惯称"白鸭"。

在外观上，白鹜鸭没有太大奇特之处，但因能治咯血、虚痨等病症而为史所载。清道光年间，民间有以白鹜鸭为药引，用于麻疹、肝炎、肺结核等当时被列为疑难杂症的辅助治疗。白鹜鸭肉中因氨基酸和微量元素含量丰富，且胆固醇特别低，成为中国唯一药用鸭。虽然长汀、上杭、永安和清流等地都有饲养，但连城的白鹜鸭饲养规模最大，

是福建目前发现的最大水仙茶古树。这里自元代就已开始种植茶叶，明清时期出现专门的茶叶加工作坊，茶叶生产已经具有相当规模。民国初期便开始大量出口到香港地区，以及日本和东南亚。早在1894年，泰昌茶庄选送的漳平水仙茶就获得巴拿马博览会金奖，1995年的第二届中国农业博览会再获金奖，成为中国茶叶博物馆收藏的名茶之一。目前漳平水仙茶种植面积有近67平方千米，年产量5000多吨，年产值2.5亿元，是福建重要的乌龙茶产区和出口加工基地。

用包纸定型的水仙茶饼，又称"纸包茶"。

连城地瓜干

将连城特产的红心地瓜（番薯）整块蒸熟，去皮压制后切成条状或块状，然后烘烤至鲜亮的橘红色，就成为富含葡萄糖、蛋白质、纤维素、维生素A、B族维生素和硒等人体所必需营养元素的连城地瓜干，它与明溪肉脯干、清流笋干、宁化老鼠干、武平猪胆干、上杭萝卜干、永定菜干和

长汀豆腐干并称为"闽西八大干"。

清乾隆年间，连城地瓜干就已经形成纯熟的制作工艺，当时宫廷宴席上的御用名点"金如片"即以连城地瓜干为材料精制而成。连城地瓜干除制作工艺独特外，当地特殊的土壤环境使它与众不同。早在明万历年间，连城就引入地瓜并种植，隔川、莲峰、揭乐、李屋、曲溪等乡镇的山间盆地和河流阶地土质松软，有机质丰富，酸碱度适中，土壤湿度恰到好处，出产的红心地瓜皮薄个大，瓜瓤橘黄，甘甜清脆，制成地瓜干可以保存几年而不变色变味。连城地瓜种植面积

70多平方千米，年加工地瓜干10万吨以上，已开发出200多个地瓜干品种，销往中国300多个大中城市，占国内70%以上的市场份额，并出口日本、韩国、新加坡等国家和香港、澳门地区，年产值超过5亿元，2006年成为国家地理标志保护产品。

永定菜干

菜干是闽西人喜爱的食材，尤其在冬季新鲜蔬菜极易腐烂变质的情况下，菜干更是家家必备品。菜干制作原料丰富，包括本地出产的嫩萝卜苗、油菜、芥菜、雪里蕻等十几种，其中以永定用芥菜为原料经过晾晒加工而成的菜干最有代表性，分酸菜干和甜菜干2种，制作工艺精湛、风味独特，已经具有400多年的生产历史。

连城地瓜干广受欢迎，已从作坊发展为规模化工厂生产。

永定湖坑洪坑村的村民在桥上晾晒芥菜。

永定地处闽西南山区，为亚热带气候，温和湿润，无霜期短，芥菜种植的自然条件优越，相对于闽西其他地区，永定芥菜种植面积最大，产量最高。每年秋收之后，农民就开始种植芥菜，在金砂、西溪、城郊、湖雷等乡镇都有芥菜种植基地，总种植面积达10平方千米，年产菜干5000余吨，永定菜干不仅在香港、台湾地区广受欢迎，还远销日本以及缅甸等东亚、东南亚国家，成为永定农业经济创收的支柱产品。

长汀豆腐干

在长汀有这样的习俗，凡去外地会见亲朋好友，都会带去本地的特产——豆腐干，甚至异地求学或远行旅游，都不会忘记带上几包。豆腐干是豆腐的再加工制品，在长汀充足的水热条件下种植的大豆，其蛋白质和磷、锌等元素含量较高，以此制成的豆腐干自然风味独特。

长汀豆腐干在制作过程中采用的酸浆过滤是其独到之处，制液和浸焖2个后期工序中加入的甘草、大小茴香、桂皮、白糖、味精、酱油等众多调料，又是出色出味的关键，所得的正方形豆腐干呈半透明的咖啡色，香、甜、咸三味交融，位居"闽西八大干"之首，有"素火腿"之称。长汀是闽西的大

长汀豆腐干（图①）、漳平笋干（图②）都是闽西人喜食的干货；沉缸酒（图③）是闽派黄酒的代表。

①
②
③

豆主产区，种植面积占全区的46%以上，有高脚红花青、大青豆、汀豆1号等传统品种，后者是长汀豆腐干的优质原料。自唐代开始制作豆腐干至今，长汀几乎家家户户都会制作，民国初年的李长春、20世纪30年代的王俊丰和廖吉成等都是其中的能手。长汀挂着"太白遗风"布幌的店铺随处可见，店中土法酿成的米酒与豆腐干必不可少。豆腐干既是闽西百姓自古以来的家常美味，也是清代时的宫廷菜，后来其经济价值在市场上渐渐凸显，远销香港地区和泰国、新加坡、印度尼西亚等国家。

漳平笋干

漳平笋干又称"闽笋"，为"闽西八大干"之一。漳平双洋出产的笋干在中国传统烹调技术中是重要的佐料，主要采用春季雨后毛竹刚刚出土的春笋为原料，经过剥、切、煮、泡、榨、烤6道工序制成。其片宽节短，略呈半透明状，色泽金黄，肉质脆嫩，自古便列为十番素物、百味山珍。漳平温暖湿润的气候条件非常适合竹子的生长，丰富的竹笋资源为笋干的制作提供可能，根据不同工艺精制而成的白笋干、

乌笋干、卫兰片都是食桌上的美味佳肴。

沉缸酒

中国南方各省大部分地区都有家酿米酒的习俗，但由于酿造手法不同，酒味和酒劲各不相同。新罗所产的沉缸酒就是米酒中的一种，在黄酒类中堪与浙江绍兴黄酒齐名，自明末清初就已经广为流传。新罗地区制酒的过程也较为独特，以红曲、白曲为糖化发酵剂，所用的酒醅必经过3次沉浮，然后沉于缸底，"沉缸酒"因此得名，并成为闽派黄酒的代表。

据考证，沉缸酒工艺最早诞生于龙岩小池黄邦村（今新罗小池璜溪村），始酿于1796年。清嘉庆年间的文字记载中，就曾多次提及龙岩沉缸酒。1956年龙岩沉缸酒厂始建并规模生产，自1963年被评为中国十八大名酒之一后，沉缸酒已累计获得国际、国家级金奖21次，年产量可达5000吨以上，远销美国、加拿大、日本和东南亚等地。在以展示黄河发展历史的"中国黄酒博物馆"中就陈列有龙岩沉缸酒。

龙岩咸酥花生　龙岩新罗花生的种植始于明万历年间，这里95.5%的耕地为富含有机质和磷、钙的水稻土，利于花生生长和有机质的积累，故所产花生不单产量大，且荚果匀称、网纹清晰、果实饱满、蛋白质含量较高，是当地五大农业支柱产业之一。新罗人将花生视为象征财丁两旺的吉祥之物，擅长通过湿焙或干焙法进行加工，所得的咸酥花生色泽美观，口感酥、香、脆，咸中带甜，已成为国家地理标志保护产品，保护范围仅限于新罗。

本区主要历史遗存
分布示意图

武

北

云

松

长汀县
① ② ③ ④

▲ 白沙岭

连城县
⑤ ⑥ ⑦ ⑧

夷

▲ 将军山

毛

▲ 狗子脑

▲ 梅花山

岭

▲ 天宫山

山

采

▲ 黄连盂

漳平市

博

▲ 梁山顶

武平县
⑨ ⑩

上杭县
⑪ ⑫ ⑬

▲ 赤岩头

龙岩市
(新罗区)

平

山

▲ 苦笋林尖

眉

岭

岭

⑭
永定区

◎ 地级行政单位
◉ 区/县级行政单位
▲ 山峰

① 乌石崠遗址
② 隘岭关古驿站
③ 汀州福音医院
④ 工合会长汀
事务所
⑤ 宣和新石器
遗址
⑥ 培田古村落

⑦ 芷溪古村
⑧ 后芷林祭祀台
⑨ "百姓镇"
⑩ 南海国古都城
⑪ 古田会议故址
⑫ 才溪镇
⑬ 摩陀寨
⑭ 湖坑古镇

山越人

关于闽越人的族源，史学界至今存在诸多争议，一些史料记载闽越人是生活在春秋战国至汉武帝时期的福建土著先民，但也有些研究者采信闽越是南蛮与北方避乱而来的越人相融合之后裔一说：考古记录显示，在1万年前，闽西就已有人类活动，这些原住民被称为"南蛮"，在相当长一段时间内，他们都过着与外界隔绝的蛮荒生活。公元前334年，越王无疆战败于楚，越国（于越族）灭亡，大批贵族和百姓纷纷逃亡徙居浙南、福建地区及广东境内，并随地立君，他们与当地的土著结合，逐渐改变了原本单一的土著部族局面，形成闽越这一新的族群。但无论如何，闽越的古越族成分却是公认的。

具有"断发文身"鲜明特征的闽越人在闽西存在的历史只有不足300年时间。在这相对短暂的时间里，这个族群不仅建立了部落联盟式的闽越国，还创造了灿烂的文化，这一点从后来闽西大量出土的文物中可以得到验证——种类繁多的硬陶制品、精美的青铜器以及板瓦、筒瓦等建筑材料在古建筑遗址中被陆续发现，这

古闽越人的生活场景模拟图。

些都是独具特色的闽越人的遗存，表明当时闽越人的生产力水平已经发展到了相当成熟的程度。

此期间，闽越国却并非太平。在公元前223年，秦国灭楚后，闽越王无诸被废为君长，尽管在公元前202年得以恢复，但另外两位君长同时被封为南海王和东海王，各自为政后，三足鼎立，内部斗争不断。汉文帝时南海国被灭，尽管只剩闽越国和东越国，但并非相安无事。汉武帝时，遭受闽越国攻打的东越国被迫举国内迁，归属汉王。闽越国终于如愿以偿，征回了全部属地。势力强大起来的闽越王邹郢乘胜攻打南越，但途中遭到已经暗地投降于汉王的弟弟余善所杀害。在短短的几年后，闽越国再次被汉所控制，并分为东越和繇两部分。公元前110年

冬，汉武帝派四路大军攻入闽越境，余善被杀，闽越居民被强制迁往江淮一带，闽越国灭亡。迁徙的闽越人被逐步汉化，极少数逃进深山，成为后来的山越人。

山越人

武夷山地区曾以地势险要、交通闭塞而成为山越人分布最为集中的区域之一。据记载，山越人个个擅长制楫弄水，涉险行山如履平地，骁勇善战。关于山越人的先祖，最普遍的说法是汉武帝强制东越和繇内迁时，少部不肯臣服逃至深山的闽越人，遂被称作"山越人"。但事实上，这部分闽越人并非山越人的全部，在当时冲突四起的特殊时期，有相当一部分汉人为躲避战乱逃进深山，并逐渐与之融合，从这个意义上说，山越人应该是

火神崇拜　在中国古老的神话体系中，火神祝融是南方天帝炎帝的玄孙，古越人将其视为自己的祖先而加以崇拜，如今闽西永定、长汀、漳平等地，仍可见火神崇拜的习俗，其中永定崇拜火神的方式有些与众不同：若有房屋被火烧，非但不能怪罪火神，反而要杀猪宰羊祭祀，祈求他下次不再光顾。图为《山海经·海外南经》中火神祝融的形象——人面兽身，骑两龙。

闽越人的后裔与汉人融合的混合体，并且汉人所占居多。由于是没入深山，不得不以狩猎为生，过着栖息洞穴和刀耕火种的游耕生活，剽悍的身体特质却没有改变，所以沿袭了"山越人"的称谓。

山越人虽然保留了闽越人"断发文身"的习俗，却没能延承闽越当时的生产力水平，甚至连自己的文字都没有。所以后人对山越人的了解都是从汉人只言片语的记载中所得。山越人分布零散，且几乎与外界隔绝，这些记载也并不翔实，包括当时山越人的规模以及发展的状况始终不为后人所知。

从魏晋到唐末五代，不断南迁的汉人开始掠夺山越人肥沃的耕地，打破了汉人与山越人长期相安无事的平衡，随着生活空间被逼得越来越小，彼此的冲突也越来越频繁。此时的山越人已经大异于当

初，不仅发展了农业生产，还冶炼铜矿、制造工具、甚至武器，具有相当的抵抗能力。尤其是三国期间，曹魏一度利用山越人来反吴，这使得吴更将山越人视为心腹之患。所以在"安抚"未果的情况之下，东吴孙权不惜利用3年时间进行大规模围剿，几乎将山越人全部逼出山林，直至其汉化。残余部分大约在隋唐年间与后来从外迁入的"洞庭苗蛮"——"盘瓠蛮"逐步融合，演化成今天的畲族。

畲族

在中国少数民族当中，畲族是典型的散居式分布，在闽、浙、赣、粤、皖等省都有，但以福建最为集中，90%以上畲族定居在此。关于畲族族源的问题，至今没有完全统一的观点。其中一种说法在综合外来说和土著说等论据之后，得出畲族的祖先应为山越人与隋

唐时期外迁至闽西的"洞庭苗蛮"之结合体的结论。

畲族自称为"山哈"，"哈"在畲语意为"客"，即意指居住在山里的客户，这主要是随了越人自己"外来是客"的思想意识，这种称呼与中原人迁入闽西以后形成的客家民系有一定关系，但"山哈"在史书中并没有记载。唐代称为"蛮""蛮獠""峒蛮"或"峒僚"的，实际就是当时生活在闽西畲族及其他少数民族的统称。南宋末年，"畲民"一词开始在史书中出现，并用"刀耕火种"对其予以描述。20世纪50年代后，确定为畲族，目前人口为70多万。

尽管有着悠久的发展历

畲族是信仰盘瓠的民族，在图腾崇拜中盘瓠与凤凰共存，畲族青年女子的凤头髻便是凤凰崇拜在日常生活中的体现。

地，但对于畲族的商业史却却少有记载，一方面是当时畲汉沟通甚少，更关键的因素却是因为畲族没有本民族的文字。畲汉的联系一般认为是起于唐王朝的"靖边方"，这一政策不仅实现了第一次畲汉的融合，汉人还在畲区开始实施封建制度统治，强迫畲民"纳贡赋"。到了宋元时期，封建制度的强化，凸显了贫富差距，畲民多半成为向汉族地主租赁土地的佃户，甚至被迫成为汉人官吏和豪绅的雇工。在与汉人融合的过程中，畲族生存的地域空间也在发生着变化，隋唐时期主要集中在闽西，但到了宋元、明清时期，已经遍布福建甚至江西、浙南、粤东等地。这种地域空间的变动与客家人的迁移不无关系，甚至在与客家民系的长期融合后，畲语与客家方言有着极高的相似度，只是在语音上稍有差别。

移民潮

闽西移民潮最早可追溯到公元前3世纪，秦始皇以开疆拓土为目的大举迁民南下，但大部分直接越过南岭进驻珠江流域，只有极少一部分滞留在闽西的汀江流域。自此黄河流域向南方各地的移民

扰，古延绵不绝。从"三国鼎立""五胡乱华"到"侯景之乱"，北方的长期战乱是促成移民潮南下的主要原因，随着战乱范围的扩大和自然灾害、瘟疫的发生，移民向南不断深入，福建、江西、浙江等地都成了避害的理想地，只是闽西地处山区，行路不便，只有小股移民分流至此，这在一定程度上对本地区人口的构成起到了促进作用。

唐末五代时期黄河流域出现新的战乱，使福建成为当时最重要的南下移民聚居地，闽西也随之进入移民高峰期。河南东南部的固始北依淮河，南枕大别山，自古是农业发达、人口集中的兵家必争之地，战乱频发，成为闽西移民的主要来源地，较大规模的移民入闽包括西晋末年、唐初、唐末3次。西晋末年的一次主要是受永嘉之乱的影响，南迁的多为中原士族，今天闽西林、黄、陈、郑等家庭谱系中关于本族入闽始祖都有详细的记载。唐初的一次是以固始名将陈政、其子陈元光、其兄陈敏和陈敷为首的屯边征戍军事性移民，于唐总章二年（669）奉命率府兵进福建，到泉州、潮州一带平定"蛮獠啸乱"。这些将

唐末五代时期河南固始移民南下本区路线示意图

士及家眷后来大部分都驻留九龙江上游的新罗、漳平山区，共计50多姓的大规模移民成为后来开发闽西的基本力量。唐末一次为"三王"（王潮、王审邦、王审知）入闽，开创了后来闽西在相当一段时期内的太平盛世局面。

两宋之交到南宋中期，早已在江南、赣南定居数代的居民，以及广东、福建东部等地几千户避难、避役百姓也纷纷

民系 为客家学者罗香林最先提出。狭义上，民系又称次民族、亚民族或族群，指一个民族内部的分支，分支内部拥有共同或同类的语言、文化、风俗，相互之间互为认同，如客家民系、东北民系、广府民系等。客家民系是最先被冠以"民系"称呼的汉族分支，也是唯一不以地域命名的民系。由于民系内部具有多宗族性，故民居亦体现出鲜明的宗族聚居特征，作为中国最重视宗祠文化的民系，客家人的宗祠文化具有显著特色。图为上杭捻田官田村规模庞大的李氏宗祠，为三进四直的砖木结构，占地5600平方米，气势非凡，充分体现了客家宗法制度下的建筑艺术。

涌入闽西，移民数量远远超过此前的任何一次，境内人口量急剧飙升。这一时期入迁闽西除躲避战乱外，更重要的目的是寻找新的生存和发展空间。进入闽西的移民沿着汀江朝上杭以及粤东的大埔和蕉岭扩张，至南宋末年，仅汀州的户数就达到22万之多，总人口已经超过100万。包括宋淳化五年（994）上杭、武平设县，也跟这一时期人口的大规模迁入有直接关系。两宋时期是闽西成为"人口重建式移民区"的最重要阶段。

汀州人入台

汀州人入迁台湾，最早是在明末清初。郑成功收复台湾后的第二年，曾派祖籍为汀州的刘国轩回到汀州等地招募大批青壮年到台湾开疆拓土，尽管在1683年郑氏降清以后，一些人被迫返回大陆，但大部分还是落地生根，成为后来土地垦殖的主力军。清政府统一台湾后，为加强防务也曾在汀州地区招募兵员。此后，汀州人一直陆陆续续入驻台湾。

入迁台湾的移民除闽西外，还有粤东等地的客家人以及先到的闽南人。由于彼此之间的纷争和经营不善等原因，汀州人在台湾的活动有较大的流动性，基本是由南向北不断推移。再加上汀州人迁入台湾时间跨度较长，最终导致其分布相对分散。但客家人向来以聚族而居为特征，因此相对分散之中又有一定规律可循。比

较集中的分布区是桃园、新竹至台中东势等与闽西自然环境极为相似的丘陵及山间谷地，多半是清乾隆年间的移民高峰期时由永定迁入。此外，屏东山地平原和东部的纵谷地带也有不少汀州人聚居。客属台胞在语言、风俗习惯，甚至宗教信仰等方面与汀州等地的客家都极为相近，这一点足以说明汀州人迁入后除经济发展外，对思想意识所产生的深远影响。

客家民系形成

客家民系是一个有着独特语言、建筑、民俗民性等文化特质，且相对独立而稳定的汉族民系。关于缘何有"客家"的称谓，众说纷纭，但关于其

来源的认识如上分 歧。北人南迁。经历了从秦军入揭岭（揭阳山）到清同治年间被清政府南迁安置的漫长历史时期，北方汉族与畲、瑶等少数民族的相互认同、相互交融后，客家人在宋元时期最终形成。

闽西是客家民系形成和聚集的最主要地区之一，与赣南、粤东构成"客家大本营"。之所以形成客家人，可以说是北方的战乱、社会的动荡导致大批中原人南迁避难。历史上曾发生过数次中原人大批南下，尤其以西晋和唐末宋初2次最具规模，远至福建、广东等地。因其他自然条件相对优越的区域早有其他民系占据，条件相对较差的闽西地区山脉纵横、谷深林密，在当时交通比较闭塞的情况下，几乎成为与世隔绝之地，反而成为避免战乱的"世外桃源"。客家先民选择这里落脚安家后，随着辽、金入主中土，宋室南渡，汀州人口飙升。南宋末，汀州户数达22万余户，总人口在100万以上，呈现出"十万人家

溪两岸"的气象，汀州因此被众多客家乡贤誉为"客家的发祥地"。经过长期的交错融合，中原文化与南方山地游耕文化得以不断结合，形成农业、手工业、商业等多元发展的社会文明。在2000余年的历程中，"客家"从一个身份的外部识别"他称"，再到自我认同的"自称"之后，"客家人"作为一个独特的民系最终形成。

闽西地区耕地稀少，随着内部人口的增加及北方汉人的持续南下，人地关系日益紧张。从明代末年开始，闽西的客家人开始向粤东、台湾及西部内陆的湖南、贵州、四川等地扩张，甚至远迁到东南亚各国，但仍是以聚居山区为主。漂泊、迁徙、避世，客家民系发展的历史就是一部从未停止的"作客他乡"的迁移史，即使在今天，客家人

仍在世界上的每一个角落奔波、拼搏，也正因为如此，客家人才成为汉族中分布最广泛、影响最深远的民系之一。据统计，分布世界各地的客家人总数超过1亿，并因其顽强的生命力和广泛的分布，而被称为"东方犹太人"。

血缘宗族聚居

聚族而居的定居形式是闽西客家民系有别于其他民系的最大特征之一。事实上，在进入现代社会以前，由若干同姓家族组合而成的宗族已经远远超过血缘群体（家庭）本身的意义，成为地方行政管理的最基层单位。客家人血缘宗族聚居最集中体现在闽西各地的独特建筑土楼中，无论大小如何，居住其中的几个甚至十几个家庭都是有血缘关系的同姓亲属群体，这种情况在相当多的自然村落中也有直接体现。

这一聚居特点的形成，既有中原人强烈家族观念的遗风，也有闽西相对封闭环境的影响，无论是举家迁徙后定居垦荒、繁衍壮大成为望族，抑或是个体迁徙后成家立业、形成家族，都很容易找得适合发展的地理空间。山崇林密的

◎长汀县
◎连城县

◎武平县　上杭县◎
漳平市
◎新罗区
北
◎永定区

▨ 客家方言（汀州话）区
▥ 闽南方言（福佬话）区
▨ 客家福佬双方言区

清初本区方言
分布示意图

荒蛮境况，使统治者在相当长的一段时期内忽视了设置完善的行政机构的必要性，"山高皇帝远"的社会状态使以宗族为基本表现形式的地缘单位出现成为必然。

仅从构成表现上看，家族和宗族是血缘群体，但从功能上来分析，这已经是具有较为完善功能的社会组织和行政组织，对内管理族人、组织生产、兴学育人，对外协调异族关系、开展经济交流。封建家长制和家族民主制的结合，意味着家族长和宗族长具有的威望，极类似于原始社会下部落的首领，这一独特的"官职"所涵盖的权力，历代地方政府也非常清楚，把基层管理的职能交给族长，其效果要远胜于政府对这些偏远山区的直接统治。闽西客家人血缘宗族聚居的特点在家乡以外，表现为分布各地的客家会馆。通过客家会馆作为客家人互助、沟通的纽带，使客家的语言、习俗、宗教信仰等得以保留完好而不受同化。虽然国内的客家会馆在现代经济模式的冲击下日渐式微，但是在东南亚及世界的其他地方仍然发挥着其重要的作用。

河源十三坊

"坊"，是指里甲体制下的村社组织，地处长汀和连城边界的河源十三坊即是13个村社组织的联盟，事实上，每个"坊"内部还包括若干村落，如河源十三坊之一的吴家坊包括培田、前进等4个行政村和下辖的26个自然村。

河源十三坊之所以能够结成联盟，既有宗族的相互认同和地域文化的类同，更重要的是自然地理环境的圈定——位居同一个相对独立的地理单元内。河源溪流域被笔架山、金华山、石壁山等一系列中山、丘陵从三面环绕，穿插其中的河源溪支流屋田溪、洋利坝溪在山区中留下一连串狭长的河谷盆地，这些地形平坦开阔、水源充足、土壤肥沃的山间盆地正是十三坊上百个聚落的主要聚集地。河源溪流域内的各村落之间彼此沟通、合作，逐渐形成稳定的社会文化区，并最终结成村社组织。

河源十三坊归属权曾几经变更。唐宋时期，河源溪流域隶属长汀县管辖。南宋时从长汀县另置连城县，河源溪流域因此分为上河源、下河源两部分，所设置的河源上里和河源下里分属长汀和连城两县。

客家人宗族观念浓厚，图为闽西客家的一大家族于清明节祭祖后聚集用餐的情景。

吴家坊培田村开基先祖由浙江迁来，至今全村人均姓吴，《培田吴氏族谱》记载了族人发展的历史。

明清时期，河源上里改称宣河里，民国时期更名为宣和乡。1956年，宣和乡从长汀划归连城。自此，上河源、下河源再次归属于同一县级行政区。但长期的分县而治，并没有影响河源十三坊内部高度的地域认同，每年的农历二月初二，十三坊的群众都要举行盛大集会——迎"太公"，以祭祀入闽先贤王审知。从明代中叶一直延续至今的轮流"迎太公"等传统活动，就是河源十三坊形成地域文化共同体最重要的佐证。

新罗首设

从行政区划角度而言，"闽西"古指汀州，今指龙岩。闽西历史悠久，其行政设置历经多次变迁。西晋太康三年（282），西晋政权在闽西设置新罗县，这是闽西有史以来首次设立的县级行政单位。它是当时闽中建安、晋安两郡所属的101县之一。县治设置在上杭九州村，因县治西有新罗山，所以称"新罗县"，管辖的区域包括今闽西全境和闽南部分地区，辖下苦草镇，则是今龙岩城区。

刘宋泰始四年（468），晋安郡改称为晋平郡，同时撤销新罗、宛平和同安的行政县置。这一变化主要受到此间频繁的农民起义影响，孙恩、卢循率领的起义军遭到刘裕的讨伐，双方对峙3年，起义军得到大量起义农民的拥戴，并在后来随义军进入广东。其余农民得到东晋皇帝的安抚后，迁回其中原地区的原籍。晋安人口锐减，同时政府对于游耕于山中的山越人、"蛮夷"无力掌控，也无法征缴赋税，新罗县遂被撤销。至唐初，由于人口的复增和经济的恢复，新罗县得以复置，县治设在上杭东北。开元二十四年（736），唐朝在晋新罗县的基础上正式置汀州，管辖闽西全境。天宝元年（742）新罗县因县东南有翠屏山龙岩洞，改称龙岩县。大历十二年（777），龙岩县改隶漳州。明成化七年（1471），龙岩县的一部分被析出置漳平县，明隆庆元年（1567），又析龙岩、永安地设宁洋（县治在今漳平双洋，1956年废），清雍正十二年（1734），福建督抚以龙岩距漳州府僻远，奏升龙岩县为龙岩直隶州，漳州府的漳平、宁洋两县归属龙岩。隶属漳州近千年，龙岩直隶州主要居民与文化，逐步与闽南文化交融。1981年撤县改市为县级龙岩市，1997年改设为新罗区。

汀州府

唐开元二十四年（736），在福州都督府长史唐循忠建议下，唐朝"开山洞置"，把原来政府统治所不及的偏远山区纳入管理，设立新县，闽西正式建州，因境内有长汀溪，故名汀州，辖长汀、黄连（今宁化）、新罗三县，州治所初在长汀村（今上杭城郊九州村），后迁东坊口，大历年间再迁至长汀卧龙山南白石村（今长汀县城）。天宝元年（742）撤州建郡，称临汀郡，长汀、宁化、上杭、武平、清流、连城六县均为临汀郡的属地。758年复称汀州。元朝（1278）改为汀州路。明洪武元年（1368）改设汀州府，成化六年（1470）析清流、宁化一部建立归化县，成化十四年（1478）析上杭的永定县，并入汀州府统领长汀、

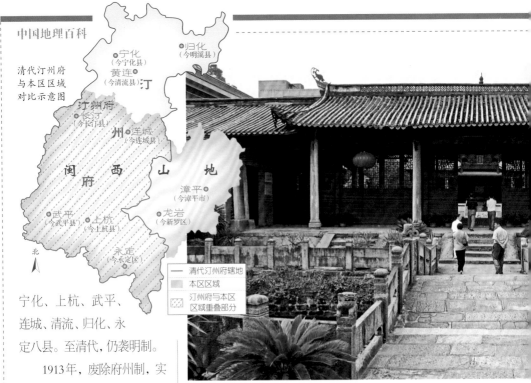

清代汀州府
与本区区域
对比示意图

宁化
(今宁化县)
黄连
(今清流县)

归化
(今明溪县)

汀州府
长汀
(今长汀县)

连城
(今连城县)

闽　西　山　地

漳平
(今漳平市)

武平
(今武平县)

上杭
(今上杭县)

龙岩
(今新罗区)

永定
(今永定区)

北

—— 清代汀州府辖地
▨ 本区区域
▩ 汀州府与本区
　区域重叠部分

宁化、上杭、武平、
连城、清流、归化、永
定八县。至清代，仍袭明制。

1913年，废除府州制，实
行省、道、县三级地方政制。
原汀州府、漳州府、龙岩直隶
州所辖各县，均隶福建西路
道（翌年改为汀漳道）管辖。
1949年10月，福建省下设8个
专区，次年闽西各县所属第八
专区改称龙岩专区，1970又
改称龙岩地区，直至1997年龙
岩地区行政公署撤地建市为
地级龙岩市，政府驻新罗区。
现辖永定、上杭、武平、长汀、
连城、新罗、漳平等地。

闽西汉化

闽西汉化克追溯到秦代。
秦国灭楚后，闽越国王被秦所
废，说明中原人的封建统制已
经开始涉入闽西。到了汉武帝
时，余善降于汉王，闽越国被

彻底颠覆。征战中留下来开疆
拓土的部分汉军，与当地人通
婚，一起开垦土地，生产技术、
建筑等中原文明开始在闽西落
地生根，可以说这一时期是闽
西汉化的重要转折点。尽管这
时驻闽的汉人数量并不多，但
由于文化程度更高，生产技术
也先进得多，对改造闽西落后
的面貌起到了极大的推动作
用。如果说此前只是形式上的
汉化，这时已经在血缘的本质
上进入汉化阶段。

从东汉末年开始，中原战
乱加剧，北方汉人大量南迁，
较有规模的就有3次，尤其是
随陈氏父子和"三王"迁徙
而来的汉人，相当数量都携

孔庙始建于宋代，又称文庙、府学，是闽西汉化的见证。其主体部分大成殿

妻带子。受到中原家族文化
的熏陶，来自同一处的移民往
往在一定的地域内聚集并繁
衍生息，宗族聚居就是典型
例证之一。唐末五代时，"三
王"中的王审知采取了很多
政策以促进闽西的汉化，其中
之一就是在闽西设立学校，广
泛开展教育，儒学文化在闽西
发扬光大就是在这一时期奠
定的基础。中原文化的遍地
开花，可以说是闽西汉化的完
美收官。从形式到血缘，再到
思想意识，闽西汉化并非侵吞
式，而是一个逐渐渗透的过
程。闽西汉城中轴对称的四
合院式建筑、筒瓦和仿铜陶器
等器物上的汉字，以及筒铎、

面阔三间，进深三间，重檐歇山顶。

车马器等源于中原的礼乐装饰。凡此种种，都是闽西汉化过程的有力佐证。

文天祥屯兵龙岩

文天祥作为可歌可泣的民族英雄可谓妇孺皆知，他出生于江西吉安，后来的7年抗元生涯，基本都辗转在客家地区，闽西也是他抗元战场的一个组成部分。

宋德祐二年（1276）元兵破临安，宋恭帝被俘。益王正在福州即位，以陈宜中为相，文天祥为枢密使，都督诸路军马。7月，文天祥开府南剑州（今福建南平），号

召四方起兵勤王。10月，又令天祥移师汀州，时元军南下，从江西、南平来击驻汀的宋军。不料11月局势发生斗转，汀州郡守黄弃疾投降元军，驻守江西与汀州门户的宋将赵时赏、吴浚也败退投降。宋景炎二年（1277）正月，文天祥只好率兵转驻龙岩，以整顿军马，寻求良机。这期间发生了2件大事。第一是遇见郭铉、郭链兄弟，一边求贤若渴，一边报国无门，因此对文天祥的爱国壮举早有耳闻的郭氏兄弟，便义无反顾随从文天祥的大军，直到元至元十九年（1282）战死沙场；第二是文天祥怒杀前来替元军劝降的吴浚，鼓舞士气，坚决与元军抗战到底。现保存在新罗江山的古城遗址、适中倒岭的"丞相垒"和"驻师桥"和永定东圆岭之上的"文山亭"等古迹，都是天文祥屯兵驻守的历史见证。

"上杭之乱"对上杭乃至永定、连城都有深远影响，其历史被载入县志。

"上杭之乱"

闽西曾以"世外桃源"吸引了大批南下的汉人，但在明中后期至清初和清末2个阶段，却不甚太平，几乎每隔2年就有一次社会动乱，每次动乱都要持续几个月甚至几年时间。明天顺六年（1462），上杭人李宗政因为不满中央朝廷的强取豪夺，召集阙永华等一批"流民"，一度攻破县治；嘉靖四十年（1561），上杭胜运里人李占春，因为粮食不足而率领百姓揭竿而起，要求平分粮谷，几个月间聚众上万人，甚至波及永定和连城两地。

这一时期的动乱主要集中在汀江一线的宁化、长汀、上杭、永定等地，而性质则由唐宋时期的土客之争和盐寇之乱转而成为佃农抗租运动和寇乱。闽西地区本来就山多地少，随着内部人口增加、北方汉人大量迁入，土地日益紧张，加之自然灾害的影响，粮食渐渐无法自给，需要从外输入。人们生活窘迫，极易被煽动，因此各种抗租、反豪强劣吏甚至落草为寇等农民斗争便层出不穷，"上杭之乱"追根究底是自然地理

的狭隘性和自给自足的民生模式之间的尖锐矛盾使然。受清末太平天国运动的波及，"上杭之乱"迎来了最波澜壮阔的一章，虽以失败告终，但是也迫使清政府不得不改变其统治政策；战争也减少了上杭的人口，土地矛盾减弱，并随着后来清朝的覆灭和社会的继续变革，"上杭之乱"终成为史书上翻过去的一章。

闽粤赣流民

明清时期，闽西的土地开发基本完成，人口高度密集，地狭人稠的现象已经十分严重，靛、烟等大量经济作物的种植也使得生态环境更加脆弱。当时闽粤一带部分农民为逃避赋税，进入地广人稀的山区成为山寇，他们利用闽西特殊的地理位置和地貌等自然条件为巢窟，偷种抢收，拒不赋税，无法种收的，还会在秋收时盗取官粮，甚至有组织地掠夺村庄，兼有民、盗、匪三重身份。而由于社会流动性增大，食盐的分配又不合理，赣西南多有盗贩私盐为生的盐徒，山寇和盐徒就成为活跃在闽粤赣三角地区流民的主要来源。

流民和匪盗所发起的动乱，在明中后期至清初和清末两个阶段表现得最为频繁。"虔、赣、惠、潮间如班竹楼大冒山、莲子山，上杭之三图，武平之岩前、象洞，连城之朗村

古代流民 流民是中国历史上对于被迫改变常居地而流动、迁徙他乡的人口的称呼，一般都是因天灾、苛吏、土地兼并、战乱等逃荒、求生或避乱的农民。明清时期闽、粤、赣三地一些山区成为流民活动的区域，因所处环境恶劣，其被迫劫掠、偷盗、发起动乱等争取自身生存空间的行为是当时引起社会动荡不安的主要原因之一。图为明代周臣所绘《流民图》局部，原图如实描绘了24位流离失所的难民，均衣衫褴褛、形销骨立，反映了动荡生活中流民的真实面貌。

皆贼窟也"，他们到处兴风作浪，并煽动贫民起义与政府作对，导致动乱不断发生。嘉靖四十年（1561），以广东流民起义成为导火索，闽西、赣南的流民纷纷揭竿而起，甚至多地联合，规模之大、影响之广泛令朝廷震惊，并责令闽、粤、赣三省限期剿灭。但由于流民深入山区，政府一时间也鞭长莫及，成为心腹之患。在长久的对抗过程中，统治者逐渐注意到要顺应当时民间意向和经济发展规律，通过逐步实施盐粮流通的合法化来缓解矛盾。

太平军入汀

作为对近代中国产生重大影响的一次农民运动，太平天国运动从1851年的金田起事开始，到1866年最后一支使用太平天国年号的残部被灭，仅仅持续了十几年时间。这次运动的主要发起者和主力都是客家人，粤赣闽地区是太平军主要的作战地点和转战站点，汀州就留下了4次太平军活动的足迹。

1857年，受到洪秀全猜忌和提防的石达开率部数万经过汀州，并在汀州推行了《天朝田亩制度》，人们纷纷加入，甚至粤东、赣南的流民、盗匪也投入其旗下。此后到1860年

夏石达开达2次经过汀州，如今长汀庵杰龙门山冈还有太平军战斗遗址安平寨。

到了天京陷落后的1864年，康王汪海洋率领一支10万人的余部第4次入汀，希望凭借与客家在语言、民系上的一脉相承和崇山峻岭易守难攻的天然条件，重新建立根据地，以复天国。然而当时的情况已经大不如前：首先，由于领导阶层的内讧，太平军内部的团结受到严重破坏，主力也在内耗和抗战中损失大半，尽管屯田式根据地的建设使得队伍有所壮大，但是兵员散杂，战斗力明显下降；粤赣闽地区本来就地少人多，此时军需口粮更成为一大问题。其次，虽然崎岖地形可以为太平军提供防御的屏障，但狭小的空间使大规模集体作战无法施展，反而让清军有隙可乘、各个击破。以左宗棠为首的清军就是借此切断汪海洋与李世贤两部之间的联系，先攻龙岩再破漳州。时至1866年，最后余留的太平军在广东丰顺的白沙坝全军覆没。

闽西革命根据地

闽西革命根据地是中央苏区的重要组成部分，范围包括

永定湖雷，被太平天国军队烧毁的清代土楼废墟。

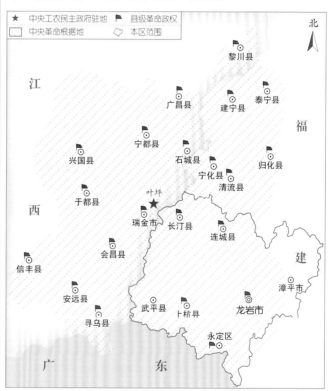

闽西革命根据地范围示意图

今龙岩全境以及宁洋、清流、宁化、泰宁、平和五县和南靖部分地区，也是中国较早开辟的革命根据地之一，早在1926年夏天，中共闽西第一个党支部就已经在永定湖雷建立。1927年9月，南昌起义军进入闽西。

1928年3—6月，白土后田、平和长乐、上杭蛟洋及永定"四大暴动"震撼八闽。1929年3月，毛泽东、朱德、陈毅率领红四军在长汀长岭寨歼灭国民党军队2000多人，解放长汀县城，成立中央苏区第一个红色县级政权——长汀县革命委员会。同年5月，红四军二次入闽。经过三打龙岩城及永定、白砂等战斗，初步形成以龙岩、永定、上杭三地为中心的根据地。1930年3月，邓子恢任主席的闽西苏维埃政府在龙岩城成立，标志着闽西革命根据地正式形成。

至1931年秋，第三次反"围剿"战争胜利后，闽西开辟了纵横300里、人口近百万的革命根据地，并与赣南革命根据地连成一片。自此，中央革命根据地正式形成，辖有包括江西瑞金、福建长汀等在内的共30多个县近250万人口。1932年3月，福建省苏维埃政府在汀州成立，先后辖有永定、上杭、长汀、连城、武平、龙岩、漳平、宁化、清流、归化等地，人口百余万。毛泽东的《古田会议决议》《星星之火，可以燎原》《才溪乡调查》等著作均在此完成，闽西堪称毛泽东思想的重要发祥地。直到1934

年10月，第五次反"围剿"失败，红军被迫进行万里长征，是从中央苏区的福建长汀、宁化和江西瑞金等地出发的。在8.6万人的队伍中，有2.6万闽西儿女，抵达陕北时，仅剩3000余人。龙岩的在册革命烈士占福建烈士人数的一半以上，是中国著名的"红军之乡"。

乌石岽遗址

闽西是福建古代文明的发祥地之一，人类活动历史悠久，发掘出土的大量器物表明，早在4000多年前的新石器时代就已经有人类在这里生息繁衍。仅汀江两岸，就已经先后发现有古代文化遗址120多处，其中以乌石岽遗址最具代表性。乌石岽遗址位于长汀河田游坊村郑坑，其遗址范围涵盖了连接的三四个山冈，核心区有5万平方米。已经发现的新石器遗址共有10处，地面都散布着丰富的遗器及碎片。

自1951年第一次在这里发现石器后，乌石岽遗址已经陆续出土了2000多件陶器和石器标本。仅1955年就已发

乌石岽遗址出土的陶罐，为古越族的日常生活器皿。

现新石器时代的遗物1300余件，包括石锛、石犁、石箭镞、石刀、石枪头、石环、陶网坠等石器，还有大量的印纹、索纹和划纹陶片等。这些器皿的出土，进一步证明在商周时代，这里的先民不仅已经有了成熟的渔猎方式，并且开始种植谷物和使用陶器烹煮和储存食物。此后在不断发掘中，还发现了战国时期的刀币、工铁钱以及汉朝时期的铁鼎、铁刀等铜、铁制品，可见乌石岽遗址跨越了相当漫长的时间历程。

宣和新石器遗址

连城宣和历史上有非常适合原始人群居生活的自然条件，这种论断的得出需要2个支撑点：地形和气候。宣和山不高、林不密，没有供大型野兽活动的空间；而气候与现在差别不大，甚至历史上比现在还要温暖湿润，即使在第四纪大冰期时，这里也躲过浩劫。20世纪80年代的宣和科考进一步证实了古代人类活动的推论，在宣和境内发现多处商周时期的遗址和瓷器、青

铜器碎片。此后又陆续发现汉、唐、宋时期的文物，包括铁刀、铁鼎、青铜器、瓷碗和陶罐，有的出露地表，有的隐埋在地下深1米左右的地方。

发现于武平的西汉编钟，重1.855千克，式样与广州南越王墓出土的相同，为王公贵族所有。

随着考古的进一步深入，宣和最早有人类活动的时间也向前推移。在新营村石骨山至洋背山斜坡1000多平方米的范围内，发现山面及表土中有大量新石器时代的墨砂陶、红陶、夹砂陶等多种带有细腻花纹的陶片，另有一些年代稍早的石锛、石斧、石犁、石箭、骨箭、石刀等，构成了闽西在旧石器时代向新石器时代过渡时期就有人类活动的新证据。据此，宣和古文明的历史在商周朝代的基础上又向前推溯了1000多年。

南海国古都城

汉高祖刘邦和汉惠帝刘盈掌权期间，汉王朝曾先后分封4个异姓诸侯国：福建的闽越国、广东的南越国、闽粤赣地区的南海国和浙江的东瓯国。南海国建立于公元前195年，后来因联同势力强大的闽越国攻打东瓯国、反叛西汉，被汉军进剿而降，属地被瓜分，举国北迁往江西九江一带，在"庐江界中"复反，重创汉军，使汉军"迎尸千里之外，裹骸骨而归。悲哀之气数年不息，长老至今以为记"。

南海国仅存37年。因国小寿短，关于南海国的史料十分稀少，因此其城址所在地一直是个未解之谜。直到1982年，随着一把春秋战国时期的青铜礼仪佩剑在武平被发现，以及西汉编钟、汉代宫廷器物残片等汉代特征明显的遗物相继出土后，"武平说"得到了更多的支持者。武平在唐代开元年间属于汀州府，分为"南安"和"武平"2个镇，而南海国王在封王之前曾被封为南武侯，"南武"或可作为当时的封地就包括现今武平之佐证；"封侯村"及10余处有类似村名的村庄，还曾发现有古城墙痕迹；现存于武平的10处秦汉遗址中有9处发现有与南海国有关的证据；刘屋后背山三号遗址通过与地处武夷山的闽越国王城遗址比较，显示二者在山形地貌以及带有纹饰的汉代出土文物上都有极高的相似度，确定为战国至西汉时期的遗存——这些都成为南海国的都城遗址在武平的"蛛丝马迹"，如果得到最终确定，闽西行政建制的历史将因此再向前推移400多年。

后芷林祭祀台

自古以来，闽西的原始图腾和各种神灵信仰都在影响着当地人们的思想。"祭祀"作为最能表现对信仰忠诚的形式，至今在闽西各地都长盛不衰。祭祀仪式包括"走"（走古事）、"游"（游大粽）、"抬"（抬菩萨）等多种形式，但搭建祭祀台进行祭拜却极为罕见。随着连城庙前后芷林祭祀台遗址的发现，闽西没有祭祀台的空白将成为历史。据推断，后芷林祭祀台年代应在夏代晚期到商代早期之间，祭祀台旁环绕着几个大小不一的祭祀坑，坑里均发现有陶器、石器残片。尽管祭祀台已经破败不堪，但根据残垣断壁仍可以判断其

后芷林祭祀台遗址出土的印纹陶器残片。

规模十分庞大，说明当时人们已经在这里举行较大规模也较为隆重的祭拜仪式，这里因此成为后人了解古闽西人的信仰崇拜、祭祀习惯等的重要遗址。

陶印拍

长汀是闽西最主要的新石器文化发祥地，自1951年在河田乌石崠发现第一块新石器时期的石器起，至今已经发现共200多处新石器时代遗址。在长汀所出土的陶器中，时代最早的当数西周的陶印拍，距今已有约3000年的历史。陶印拍是在制作陶器时，用于打实胎体，或者在陶器上印制纹样的专用工具，其功能相当于现代的模具。长汀出土的这块陶印拍呈长方体，长6.5厘米、宽6.2厘米、高4.9厘米，上下两面都刻有细密的绳纹，侧面是双线方格的纹路，由此可以断定为拍印纹饰而用。在河田出土的陶印拍共有18件，每一件上的纹饰均有所不同。一系列新石器时期器物的出土，尤其是陶印拍的出现，让人自然而然联想到长汀先民在当时已经不仅制造简单工具进行耕作、砍伐等生产活动，还在制作和使用工具的同时开始了审美成分的融入。

隘岭关古驿站

长汀古城扼守闽、赣交界，是福建的西大门，这里自古设有2个驿站通往江西，中山驿站和隘岭关驿站。隘岭关古驿站就设在闽、赣交界的关卡处，附近为大小隘岭，形势险峻，大有一夫当关，万夫莫开的险势。据考证，古驿站始建于宋嘉定元年（1208），次年修建完成，当时称"罗坑隘"，是郡守邹非熊为防备罗世传、李元砺的瑶汉起义军入侵汀州而建。600多年后，太平军跨闽入赣时选择的也恰是这条通道。

1987年，在井头村大隘山的凹里，沉寂多年的隘岭关古

隘岭关古驿站的拱门（上图）及卵石砌成的驿道（下图）。

驿站遗址被发掘出来，面积约1500平方米，遗址中仅存1座砖石结构的拱门，高3米、内宽2.5米、长5米。附近还发现几十间铺店、客栈的断墙、砖瓦碎片、几个石墩和几块刻有"康熙三年""岁次甲"字迹的残断界碑，驿道是用河卵石砌成的车马道，长约2000米、宽3米。作为一个关卡和交换文书的古驿站，这里曾设兵卒日夜把守，后来官兵和商贾往来频繁，渐发展起客栈、酒馆和店铺等，成为闽赣交通中转站。

印纹硬陶 中国青铜时代至汉代在长江中下游和东南沿海地区生产的一种质地坚硬、表面拍印几何图案的日用陶器，承袭当地软陶发展而来，至西周时期发展到兴盛阶段。初步成型后要用"抵手"抵住内壁，用刻有花纹的拍子拍打器壁，使胎体坚密，主要有云雷纹、叶脉纹、人字纹、方格纹、绳纹、菱形纹等。图为长汀河田遗址出土的商代印纹硬陶鱼篓形罐。

汀州福音医院

福音医院位于长汀县城关东后巷，是1904年由英国伦敦基督教会教徒亚盛顿个人捐助25万英镑创办的医院和学馆，1908年建成。这是闽西第一所西医医院，建成之初命名为"汀州亚盛顿医馆"。医馆依山势而建，建筑面积1871平方米，为土木结构的平房，包括礼堂、手术室、妇产科、外科、内科、药房、病房等共有30个房间。

五卅运动爆发时，中国反帝情绪高涨，迫于压力，时任的英籍院长和医护人员相继回国，医馆的第二期毕业生傅连暲被推举为院长，并于第二年将医馆改名为"福音医院"。1927年，八一南昌起义部队在周恩来等的带领下路经长汀，医院接收了300多名起义部队的伤员，左腿2处中弹的陈赓大将也是在这里痊愈。为避免战士们感染天花，傅连暲还给全体战士都种了牛痘。1929年，红四军入闽，福音医院成为闽西第一家为红军服务的医院。1932年毛泽东曾在这里养病，并写下《关心群众生活、注意工作方法》的名篇。1年后，福音医院迁址江西瑞金，同时改名为"中央红色医院"。

按原貌修复后的汀州福音医院。

反"围剿"时期，在国民党反动派对苏区实行严密封锁、药物采购极为困难的时日，傅连暲利用基督徒的特殊身份，在沿途的教堂中找药，解了燃眉之急。1940年，福音医院在长汀复办，由傅连暲夫人刘赐福任院长。1952年，福音医院与长汀县医院合并，改名为汀州医院。现存的福音医院旧址是1966年按原样修复的。

古田会议故址

古田会议是人民军队建设史上的一个重要里程碑，其发生地上杭古田八甲村的古田会议故址，因而被誉为人民解放军的"军魂"所在地，成为闽西一块举足轻重的红色革命圣地。如今仍按原貌保存的故址，其会场正上方悬挂的"中国共产党红军第四军第九次代表大会"横幅、泛旧的红旗、石印的马克思和列宁半身像等，共同见证了一个历史性的时刻：1929年12月28日，在八甲村曙光小学简陋的教室里，毛泽东、朱德、陈毅轮番在台上做报告，120多位代表连续在这里激烈讨论了2天，总结南昌起义以来红军建设经验，重新明确党和军队建设的基础方向，产生了新的红四军前委，毛泽东任前委书记，并通过了毛泽东起草的大会决议案，即后来党和军队建设的纲领性文献《古田会议决议》。

古田会议故址是一座四合院式建筑，有庭院、前后2个厅及左右2个厢房，建筑面积826平方米，原是廖氏宗祠，后改为曙光小学，始建于1848年。后厅即为当时会场所在地，设有主席台和5排代表桌椅。左厢房第一间是毛泽东在大会期间的办公室，右厢房为朱德办公室，第三间是陈毅办公室。1969年在故址对面

再现古田会议场景的油画。小图为根据当时开会的原貌保存的古田会议故址。

修建的古田会议陈列馆，共收藏了7303件文物。古田会议故址与附近的协成店（毛泽东《星星之火，可以燎原》写作旧址）、中兴堂、松荫堂、古廊桥红军桥等，一道构成古田革命故址群。

厦门大学迁汀

1937年卢沟桥事变爆发后2个月，日本海军联合舰队袭击厦门，地处厦门前沿的厦门大学形势严峻，萨本栋校长决定立即迁址，以维持祖国东南半壁的高等教育。闽粤赣交界的山城长汀正符合了萨校长迁校"在东南最偏远的福建省内""交通要比较通达""环境要比较优良"这三个原则，校址即确定在横岗岭万寿宫和卧龙山麓一带。12月24日起，380多名师生开始分批迁往长汀，次年1月上旬人员和教学仪器全部抵达。

厦门大学迁汀的近10年间，成就了其师生与长汀百姓之间的情缘。一方面，厦门大学初到长汀时，既无校舍，经费也很少，师资严重不足，条件极为简陋，长汀人民就租用附近的民房、公房，同时在一大片坡地上筹建校舍，甚至把县学都提供给厦门大学作为办公场地，并深挖防空洞以备急需。局势动荡，但厦门大学仍坚持务实的教风，学生也刻苦求学，几年间从最初的文、理、法商3个学院9个系扩展为4个学院14个系，1939至1941年3年在中国大学生学业竞试中都名列国立大学首位，被认为是战时中国东南最佳学府。抗战结束后1946年回迁厦门时，其师生已增至近千人。另一方面，厦门大学的内迁也给长汀教育带来一股蓬勃的朝气，全县由当时只有一所中学、极少数小学的状况，逐步建立了多座中学和小学，还聘请厦门大学许多师生给这些学校兼课，以弥补师资不足的缺点。厦大师生们把同仇敌忾、抗口救国的爱国热情带到课堂上，还组织"抗敌剧团""铁声歌咏团"等进行抗日宣传。如今长汀中区小学汀州开元寺大成殿、萨本栋校长故居等故址，仍是厦门大学师生缅怀"长汀精神"的重要场所。

工合会长汀事务所

自1937年抗日战争爆发后，日本不仅妄图摧毁中国的城市、工业，还封锁各港口，严禁外货流入，想以此对中国经济构成威胁。为了应对日本采取的经济封锁政策，中国工业合作协会应运而生，并在各地下设办事处和事务所，在大后方组织小型、分散的工业生产，以支持抗战、缓解内需。

1938年，宋庆龄委托新西兰国际友人路易·艾黎创办中国工业合作协会长汀事务所，地点设在西门外席棚坪的理邑公所，所有的机器设备包括车床、刨床、钻床、铣床、鼓风机和印刷机等几十件，都是艾黎亲自到南平收购福州沦陷前抢搬至此的器材设备，首批职工都是来自福州的失业工人。次年事务所组建了机器、印刷和制伞三社。但由于当时钢铁、煤等原料非常缺乏，仅生产了一批切面机、熨斗和为迁汀的厦门大学铸造了一个铜钟后，机器社即停办。印刷社和制伞社置业顺利，还在城区陆续组成油纸、弹纺、织布、针织、文具、斗笠等社，在濯田、南山、涂坊、杨坊等地组建造纸、榨油、砖瓦等社。事务所规模最庞大的时候，在城乡共拥有50个工合社，全年产值100万元。当时长汀所生产的斗笠和油纸，与江西瑞金的麻鞋、陕西宝鸡的军毯一起被誉为抗日将士的"三宝"，长汀遂成为抗战时期中国重要的后方生产基地之一。

长汀

"中国最美的两个小城，一个是湖南凤凰，一个是福建长汀。"这是新西兰作家路易·艾黎眼中的长汀古城，即汀州古城所在地，位于闽、粤、赣三省的古道枢纽，是福建最西部的重镇，早在1万年前的旧石器古代，就开始有人类在这里生息繁衍，是座被视为客家首府的千年古城。

长汀古城依山沿河修筑，把半个卧龙山圈进城内，形成城内有山、山中有城的挂壁城池格局，汀江自

汀州古城墙从卧龙山顶分东西蜿蜒而下，合抱于汀江之滨，有城垛648个，形成全国罕见的"观音挂珠"的独特山城景观。

东北向南穿城而过，四周沃野平畴。其古城筑造可追溯到唐大历年间，尽管当时只是"筑土为城"，但这却是宋代城池的雏形。长汀城内现存的古街区，其基本格局在唐末就已形成，后在宋街的基础上进行扩张，使主街道都与城门相对，街道的交会路口建有风雨亭。如今的街面基本沿承了这一时期的风格，临街为店，后为住宅。与主街相平行的是一系列纵横交错的弄堂，布局合理有序。其全长4119米的古城墙，唐大中初年始筑子城，经过宋治平三年（1066）、明洪武四年（1371）和崇祯九年（1636）的3次大规模扩建，完成府县城墙的合璧，并保留至今。因作为客家南迁而来的门户之地，长汀古城在建筑的基本格调上体现了浓郁的客家风格，保留有北方中原城墙的遗风。古城楼、汀州试院、朝天门、天后宫、城隍庙、云骧阁、南禅寺等古建筑，尽管经历了1300多年的风雨洗礼，其宏大、威严的气势犹存。而著名将领罗良、辅佐郑成功收复台湾的功臣刘国轩、画坛巨匠上官周等众多杰出人物，又为长汀添上了厚重的人文气息。1994年，长汀被命名为"国家历史文化名城"。

"百姓镇"

中国姓氏复杂世人皆知，但在武平中山，镇中心人口不足千户的3个小村落中就同时出现119个姓氏，成为中国罕见的客家聚居区文化景观。自清代开始这里就有100多个姓氏的人家，被誉为"百姓镇"。

最初在这几个小村落中，除了雷、蓝、钟等畲族中常见的姓之外，只有少数客家的姓氏。后来"百姓镇"的形成，与中山独特的地理位置和较大的历史事件有密切关系。中山河穿境而过注入梅江，水路发达，中山自古成为"全汀门户"，唐宋时期一度作为武平镇、场、县的治所，在相当长时间内都是武平地区的经济文化中心。明代以前流入武平的客家先民以及各地商人、矿工等多聚居于此，复杂的人口构成是造成姓氏多样的原因之一。而明洪武二十四年（1391）设立武平千户所后需调军入城，带来王、李、余、吴、周、许、舒、程、董、刘等35个姓氏，与此前朱元璋派"十八将军"平

"百姓镇"居民不足千户，却拥有超过100个姓氏，镇上的传统建筑都保存得较好。

宗武平增加的18个姓氏一起，成为中山姓氏数量激增最明显的2次。来自江西、浙江、安徽等省以及福建其他地区军籍姓氏的增加，在长期融合的状态下还诞生了一种与客家话完全不同的"军家话"，至今形成一个"方言孤岛"，其在武平的地位甚至超过客家话，在纯军家村里，甚至老师上课都使用军家话。

清顺治三年（1646）后，由于驻扎中山镇的明军拒不投降而遭受清军屠城，百姓流离失所，中山几乎变成一座空城，但后来因清政府广招无家可归的流民入住并重新垦荒辟地，而原住民因为故土难离纷纷回迁，中山镇的姓氏未见减少反而出现增加。人口姓氏"最终抵百"，并不断繁衍生息，最终成就了这座中国罕见的"百姓镇"。

培田古村落

布局紧密且错落有致的30幢高堂华屋、21座古祠、6家书院、3座庵、2座庙、1条千米古街和头尾2道跨街牌坊，这些具有明清时期风格且保存完整的客家古民居建筑构成了连城宣和培田古村落。培田曾是古时官道上的驿站，自1344年就开始有常住人口，目前全村有1400多人，全部为吴姓同宗，所以古称是"吴家坊"。其祖先吴八四早在明代初年就随客家先民几经辗转，从无锡远迁到这里耕读立业、繁衍生息。

古建筑是培田村的一大特色。古村村口的"恩荣"牌坊是光绪帝特赐其御前值殿侍卫培田人吴拔祯的荣耀，也是老街的起点。老街两侧的建筑多具有明清时代的建筑特色，尤以大夫第、衍庆堂、官厅为代表。它们都是九厅十八井式的建筑结构，规模宏大，大夫第挑梁式梁栓结构以其"墙倒屋不塌"的特点，被中外专家称为世界一流的防震建筑。客家人一向重视教育，培田古村中保存完好的书院最能说明这一点，除紫阳书院、南山书院、十倍山书院等文化教育场所，还有专门习武的般若堂、专门为妇女提供教育的容膝居和修竹楼，仅南山书院就培养出进士、秀才等250余人。衡公祠、久公祠等祠庙"三分厅堂七分门庐"设计无不体现出客家建筑的特色。飞檐翘角的门楼、高高耸起的防火墙再加上围墙内深深的庭院，古色浓重的建筑群被冠若山、笔架山、武夷山所环绕。

培山古村落的独特不仅是因为建筑的"古"，还在于建筑设计上的科学性。这一点在排水设施的布局上尤其明显。每座建筑都有专用的排水暗沟，将雨水和生活污水汇集到贯穿全村的统一隐渠中，然后流出村外，这种从村落整体来考虑排水问题的设计在当时极为少见。

摩陀寨

在上杭庐丰下坊村龙湖东岸，屹立着一座已有近千年历史的古寨，名为摩陀寨，始建于北宋天圣五年(1027)，最初是一处防御性的城堡，客家乡民们为躲避贼寇而修建了城墙、石门、石梯、古堡。明朝初年，比丘尼开山祖寂圣、寂湘、寂蓉、寂清等人来这里建庵供佛，念经习武，因此又名摩诃寨。清顺治年间重修山寨时易名摩陀寨，并沿用至今，曾被列为汀州九大古迹之一。

摩陀寨也是一座山，山以寨名，海拔300米左右，是以丹霞地貌为基本特征的武夷山脉由东北向西南延伸进入汀江流域，在闽西南留下的最后一个杰作。摩陀寨虽不高，但地形独特，东陡西缓，一道长三百多米、高四五米的城墙

培田古村山环水绕，古时连接连城和长汀的官道从这里经过。与永定封闭而坚固的土楼不同的是，在这个以吴姓

为主体居民的客家古村落里，古民居的分布格局有如一个开放的庄园。

摩陀寨的石门和石梯。

按原貌复原的才溪乡调查纪念馆。

即筑在西面，南面青石条垒砌成的普济门城门垒得很高，门洞却很窄，仅能容得下一人进出，立于悬崖陡壁之上，有一夫当关，万夫莫开之势。摩陀寨上的寺庙曾有一定规模，据记载到清末为止，总建筑面积达到2000平方米，有真武殿、观音庵大殿、比丘尼讲经堂、中堂、厢房、放生池、练武坪、比武台等，现仅残留开山祖比丘尼合葬墓塔。如今坐落在山顶巨大石盘上的慈莲庵，飞檐红瓦白墙，三面皆临峭壁，与附近"九鲤过江"等丹霞奇石相映成趣。

才溪镇

上杭西北部的才溪镇，1993年撤乡建镇，占地116平方千米，现辖14个行政村，有逾1.8万常住人口（据2010年第六次全国人口普查主要数据）。作为著名的革命老区，才溪与中国革命紧密联系在一起，才溪乡调查纪念馆、列宁台、毛泽东亲笔题词的光荣亭、苏维埃政府发的"第一模范区"石碑等，都见证了才溪的那段峥嵘岁月。苏维埃政府时期，毛泽东曾3次在才溪调查，并于1933年写下了著名的《才溪乡调查》。第二次国内战争卷席闽西时，在土地革命中分到田地的才溪农民积极响应号召参加红军保卫胜利果实，80%的青壮年男子都参加了红军，其中1192人战死疆场，才溪因此成为"烈士之乡"。到1955年授衔时，才溪有9个军级干部、18个师级干部，即"九军十八师"，才溪因此被誉为"将军之乡"。

历史上才溪还辈出能工巧匠，素有"三千楸头八百斧"之称，被誉为"建筑之乡"。

建于清光绪年间、现为革命纪念馆的才溪乡调查纪念馆，其室内雕梁画栋的细腻工艺就是最好的体现，深圳的锦绣中华和世界之窗等多项大型旅游景区的给水工程则是才溪人对祖先技艺传承和发扬的杰作。此外，因种植了上万亩品质优良的美国纽贺尔脐橙，才溪还被称为"万亩脐橙之乡"。

湖坑古镇

深居永定东南部山区的湖坑古镇，自古是客家人较为集中的区域之一。明清时期，这里隶属金丰里，在民国时期为湖山联保，1957年治地湖坑村，1993年湖坑镇。全镇各村落居住有24个姓氏，全部都是南宋以后南迁的北方移民后裔，他们在这里建起的土楼和长期以来形成的独特习俗"作大福"，让湖坑声名远播。

作为中国客家土楼最为集中的地区之一，在面积103平方千米的湖坑境内，囊括了圆形土楼、方形土楼等几大主要土楼形式，有1500多座形态各异的单体土楼和洪坑土楼群、南溪土楼群两大土楼群，包括振成楼、振福楼、环极楼、衍香楼、奎聚楼、福裕楼等，被誉为"客家土楼博物馆"，其中仅洪坑一个村，就有土楼40多座。建于1912年、占地5000余平方米、拥有222个房间的"土楼王子"振成楼，在1986年美国洛杉矶世界建筑模型展览会上，其模型与雍和宫、长城模型并列展出。

湖坑古镇李氏家族举行的"作大福"民间迎神盛会，源于求神保平安的敬神活动，在农历九月十一至十六这几天举行，每3年一次，自清乾隆五十四年（1789）开始以来，一直延续至今，被视为比春节还重要的节庆，海内外的李氏子孙几万人都会赶回来参加活动。"作大福"时，迎神、大班戏、木偶戏、电影等活动接替上演，俨然民间文娱活动的大杂烩；供场上，上千张供桌摆满了全猪、全羊、全鸡、全鸭等各色供品，而只有家族中德高望重的人，才能担任"头家"，专门负责"作大福"事宜。其规模之庞大，场面之隆重，成为湖坑古镇的一个特色民俗标签。

芝溪古村

连城庙前的芝溪村，因古时村中的溪旁长满一种叫芝草的植物而得名，是闽西客家地区少有的人口过万的自然行政村，但却只有黄、杨、华、邱4个氏族居住，且都是从中原迁徙而来，并在此繁衍的大家族。

南宋绍兴三年（1133）连城置县后，芝溪开始归属连城古田乡表正里，在民国时期，曾为崇新乡的政府驻地。明清时期，芝溪的商业就已经比较发达，特别是清康熙时期，随着闽西至潮州的航运开通繁华更一时无两，拱桥店、凉棚街、三角坪和十字街等街道先后兴建起来。现在芝溪保留下来的复合建筑群，就是在这一时期形成的。建筑群由68座古祠和138幢祠居组成，普遍采用九厅十八井结构布局建造，被誉为"客家大宅门"。受客家人注重门面、彰显身份思想的影响，有"千斤门楼四两屋"的说法，门楼都修得豪华雄伟，黄氏澄川公祠的门楼是其中的典型代表，花岗岩砌成的门楼高达6米，立柱直径为1.2米，顶部刻有人物、鸟兽、花卉和双龙戏珠等图案。而屋内黄庭坚、何绍基、邱振芳、孟超然、林则徐等人留下的墨宝，以及朝廷所赐的众多功德牌匾，又为芝溪增添了丰富的文化内涵。另外芝溪的出游花灯、红龙缠柱、犁春牛、十番音乐、走古事、汉剧演出等民俗文化也很有特色，其中清康熙年间从苏州传入的芝溪花灯，由99盏小花灯组合而成，人们在苏州锣鼓的伴奏下，夜晚提着色彩斑斓的花灯走街串巷，成为正月里一个独特的习俗。

芝溪村内黄澄川公祠的门楼，飞檐翘角，装饰有精美的石雕。

本区主要文化事物

分布示意图

① 保苗节
② 美溪"六月六"
③ 春分祭祖
④ 炒虫炒豸
⑤ 闽西汉剧
⑥ 公嫲吹
⑦ 上杭木偶戏
⑧ 灯盏糕
⑨ 刘氏家庙
⑩ 阴塔

⑪ 屋桥
⑫ 苦抓汤
⑬ 罗坊走古事
⑭ 游大粽
⑮ 涮九品
⑯ "珍珠丸"
⑰ 容膝居
⑱ 修竹楼
⑲ 性海寺
⑳ 风鸭

㉑ 泰安堡
㉒ 盂兰盆节
㉓ 采茶灯
㉔ 官庄簸箕粄
㉕ 李氏家庙
㉖ 承启楼
㉗ 客家土楼
㉘ 西陂天后宫
㉙ 虎豹别墅

◎ 地级行政单位
⊙ 区/县级行政单位
▲ 山峰

河洛裔胄

在唐代盛世之初，地处偏远的赣南、粤东、闽西、闽南的广大山区还处于蛮荒状态，只有山越族和"蛮獠"土著隐匿在山林之中，彼此间因相互争占土地和空间而冲突不断。后来湘赣等地畬族的流入，导致矛盾进一步激化，尽管当时有允义侯陈大忠的戍卫，但面对出没无常的"蛮獠"也束手无策，成为唐朝的心腹之患。

唐总章二年（669），唐朝靖边统一，河南光州固始名将陈政受命率军到泉州至潮州一带平定"蛮獠啸乱"，陈政除带领随从的中原兵将外，还招募了7000余人，这些士兵都是秦统一时，为逃避追杀和迫害而流入粤东、闽西和赣南等地的中原贵族和军士的后裔。其兄陈敏、陈敷之后又带领大批官兵从河南光州出发支援在九龙江一带受挫的陈政部队。在平定啸乱以及后来潮寇和畬军的进攻之后，这些将士及家眷大部分都驻留九龙江上游的新罗、漳平山区，他们成为北方南迁移民潮中的主体，也是固始入闽的核心力量。因先祖来自由黄河、洛水而得名的河洛地区，其后裔有了"河洛裔胄"的称谓，如今他们已遍布闽南、潮汕、台湾和海外各地。

河洛裔胄对闽西的影响在于促成社会安定的环境，更在于对闽西的治理和开发。陈政之子陈元光于嗣圣年间奏请设置漳州，大力推行降赋减税的重农政策，将中原的农耕技术传于土著居民。与此同时，他鼓励部下与畬族女子通婚，并允许畬族保留其部分生活习俗，这在很大程度上成为促进民族融合的纽带。随之而来的河洛文化也在闽西的习俗、音乐、建筑等各方面渗透，如新罗适中为纪念东晋淝水之战功臣"正顺圣王"谢安将军而形成的盂兰盆节，保留中原文化遗风的龙岩采茶灯等，还有学者认为永定湖坑振成楼的建筑结构即是根据河洛文化（太极八卦）来建造……而基于农业发展，民族融合下的兴办教育成为必然，中原文化逐渐取代土著文化成为闽西的主流文化。

"九龙三公"

在华安华丰有一个九龙三公庙，是后人为了纪念南宋一家三代忠臣魏了翁、魏国佐、魏天忠而建的，被人们称为"九龙三公"。实际上，在漳平新桥西埔村的嘉应庙里，也供奉着"九龙三公"，但是却不是华丰的"九龙三公"，而是历史上曾为漳平做出贡献的刘氏三兄弟。

随从陈政父子征战闽粤赣地区、平定"蛮獠"的不仅有"河洛裔胄"，还有招募的大批地方军，以漳平九龙乡刘珠华、刘珠成、刘珠福三兄弟为首的地方部队，成为陈氏大军

因对刘氏三兄弟心怀感恩，漳平百姓将其塑像供奉于嘉应祖庙内。

攻占九龙江流域的重要力量。借助熟悉地形、善于水战的优势，三兄弟随从陈政父子所率领的部队一路溯九龙江而上，平定、占据了九龙江北溪一带的"九龙里"地区后，与其他部队一样，就地驻扎。河洛裔胄给这片原本荆榛之地带来盛唐文明，促进农业、手工业发展的同时，刘氏三兄弟致力于九龙江的疏浚，改善水道。在陈政父子抵达漳平以前，九龙江在新罗、漳平一带水路是不通的，这次疏浚工程打通了境内的九龙江干流及其支流，直通雁石一带，这对于促进漳平山区甚至沿海地区的经济发展起到了至关重要的作用，也正是在这一时期，漳平社会经济得到了前所未有的发展。后人为了纪念刘氏三兄弟的功绩，在沿江建成多处三公庙，铭记他们的功绩，并尊称三兄弟为"九龙三公"。

官庄畲族

从某种意义上讲，闽西的畲族是土著民族之一，但事实上，畲族在闽西的人口现在并不多，只有2个真正意义上的畲族乡，均分布在上杭，一是庐丰，一是官庄。

官庄位于上杭西北端，地处上杭、长汀、武平三县交界的"金三角"地带，是重要的交通枢纽和物资集散中心、上杭四大圩场之一。而在畲族先祖——古闽越人大规模进驻这里之前却是林深兽猛的瘴气之地，山地丘陵占有绝对优势，几乎找不到半块可以开垦的平原。但朝廷的逼迫和汉人的大规模南迁迫使古闽越人寻找更隐蔽更安全的栖身之地。这就是说，这里之所以会成为畲族的聚集地，除古闽越人善于"攀山涉水"的特质外，更重要的还是"三不管"的地理位置成为"无所受"的古闽越人的热土，从而在这里繁衍生息。

从公元7世纪初畲族聚

畲族重视祖先崇拜，每年农历三月初三的乌饭节都会举行盛大的祭祖仪式，通过食用乌米饭、山歌对唱、民族舞蹈等形式加以表达。

畲族祖图 "祖图"是畲族相认的一个重要凭证。畲族以盘瓠为祖先,将盘瓠传说在布帛上绘成40幅连环式的画像(布帛高约30厘米、长10余米),称为祖图,世代相传,每逢祭祖就悬挂出来,虔诚祀奉。图为中国国家博物馆展出的非物质文化遗产——畲族祖图的局部:人皇氏和盘古氏图像。而人皇氏和盘古氏同时都是汉族远古神话的组成部分,故畲族祖图也体现了汉畲两族文化接触和交融的史实。

集官庄一带开始,至隋唐时期已初具规模,至今仍占官庄近40%的人口比例。在千百年劳动生活的发展历史中他们创造了许多民族传统文化,乌饭节、封龙节等庆丰收保平安的民俗,以及畲歌、武术等都极有特色。随着客家汉人的迁入,畲汉民族的大融合也带来了中原先进的生产技术和盛唐文明,形成官庄畲汉文化彼此交融的多元发展。

龙岩欧氏

龙岩欧氏从开基祖欧仁轩元至正二十一年(1361)随军入驻龙岩算起,在这里生息繁衍的已经有20多代。欧氏是越王勾践后裔的一个分支,但《龙岩欧氏石桥琢成公房谱》载:"吾欧姓,出自平阳郡。始祖襄定公,汉宣帝封营平侯,至元帝改为屯田都尉,守河南。后因议事忤主,大司马王风解

印绶,卜宅光州固始。数传有宪伯公同唐将南征,荡平闽地,居兴化"有其缘由。

越王的七世孙蹄,"封于乌程欧余山之阳",称欧阳亭侯。他的3个儿子中,分别以"姬""欧阳"和"欧"为姓,但被赐以"欧"姓的皇族后裔,在这块土地上生活的时期并不长,而是随南海国的内迁一路北上中原。最早的驻足地是山西平阳郡,所以后裔是以平阳为郡望的。进入河南是从后人欧襄定受封营平侯开始,后来因事又被贬至光州定居。唐总章二年(669),后嗣欧宪伯随陈政部队南下入闽戍边,驻守兴化。南唐时,裔孙追随闽王王审知镇守漳州路,活动在龙岩、晋江、南安、龙溪、漳浦和广东的潮州、汕头、海南等地,被当地的土著称为"河洛人""河洛郎"。明洪武年间在平定龙岩土著和畲族叛乱的

过程中,欧仁轩因立下战功在龙岩城西的西湖岩得到赏地,退役务农,后来建造了祖屋崇德堂(今新罗西陂排头村上欧)。传二世欧乐泉以明经崛起,四世欧隐约生二子,长子守质、次子西陵,守质觅崇德堂北百余丈之地建新居,西陵寻石桥龙津河畔燕子坪立绍德堂,其九世裔孙睿伯迁回排头在崇德堂东南建起承德堂(称排头下欧),以"德"为先,继承了平阳堂的历史传统。

四堡邹氏

邹氏对四堡人来说,有独特的意义,这一点从四堡地区各村落都有的邹公崇拜现象中可以看出,这里不少地区在土改前夕建有邹公庙。当时庙里供奉的邹公,即为邹氏在四堡地区的始祖邹应龙。

但在四堡地区的邹氏家族中,很对邹公被奉若神明并不

买账，毕竟传说中的"法师"与"宋朝状元"的身份不能相提并论。而在史料中也并没有邹应龙"显灵"传说的记载，宋朝状元、枢密院兼参知政事才是邹应龙的真实身份。邹应龙生于泰宁，祖上是随唐末王潮的部队从河南光州入驻闽西，邹应龙为第十一代元孙。在避乱汀州时，邹应龙携家眷定居四堡，开始人丁繁衍。

随着人口的增多，四堡有限的土地已不足以维持生计。邹氏和大多数人一样，流往外地谋生。在荒年和战乱之时，结伴外逃十分普遍，并随遇而安，聚居一地，以邹氏为

主姓的新村落便渐渐形成。但真正促使四堡邹氏远迁外省甚至国外的，还是清康乾年间四堡印书业的鼎盛时期，"一半在印书，一半在售书"形容当时四堡印书业的繁荣亦不为过，而追根溯源，皆源自邹氏十五世葆初，他在广东以刻经售书发迹，后回乡开创书坊，四堡印刷业便由此滥觞，邹氏渐渐走出省外，包括江南的大多数省份当时都有四堡邹氏的族人。而留在四堡的邹氏逐渐发展成为望族，至今还有很多个自然村落的姓氏中都以邹氏为主姓。

耕读传家

居山农耕是客家族群最基本的生计方式，但从中原远

迁而来的客家人自始至终没有丢掉崇文重教的思想，尤其是历经背井离乡、生死存亡的奋斗，客家人更加深刻地认识到读书对于求生计、谋发展的重要意义。许多客家都提倡过一种耕读并重、"亦耕亦读"的生活，也正是基于这种根深蒂固的传统，才使得闽西客家地区出现了像廖鸿章、包育华、上官周、黄慎、李世熊、刘坊、丘复等杰出历史人物。换个角度来讲，在劫难之余形成的客家民系能够繁衍成为遍及全球、生命力最强大的民系，不能不说是耕读主张所创下的奇迹。

除去中原文化的影响，客家民系家族式的社会组织是耕读思想形成的最重要物质基础。家族的延续和强大必须要后续有人且人才辈出，闽西的客家人在民系形成之初就已经意识到这一点。据清乾隆二十五年（1760）编《上杭县志》中记载，在宋绍兴二十九年（1159）这里就已经建立学舍，而汀州的学馆则在更早的唐代就已出现。早期的社学、义学、私塾、蒙馆等都是家族兴办的普及型启蒙教育形式，由此不难看出客家家族对教育的重视程度，把兴学育人当作

永定湖坑洪坑村林氏蒙学堂，是闽西最早的新式学堂。

村民在溪边用大缸淘洗地瓜粉。地瓜粉是闽西客家人饮食中的必备材料之一，常用来制作各种小吃（小图）。

擀成薄皮，包入鲜冬笋、肉、香菇、荸荠、虾米、葱等馅料，团成丸子，外面滚粘上充分泡胀的糯米，蒸熟后鲜香软糯，晶莹剔透如珍珠，故得名"珍珠丸"。

是家族发展的千秋功业。如今客家土楼的门联、堂联、厅联中还处处都体现耕读理念，许多古宅的匾额上仍有"耕读传家远，诗书继世长"等字样，在这种耕读文化风尚和生活环境影响下，还留下了"不读诗书，有目无珠"等流传至广的谚语，至今耕读传家的思想都是客家民系极重要的支撑因素。

"珍珠丸"

"番薯芋子半年粮"是过去对闽西客家人主粮结构特殊性的写照，客家先民都源自中原，向来喜欢面食。但迁入闽西后，受气候等诸多自然因素的影响，只得学习当地的畲民种植水稻和杂粮。闽西的气候、土壤等对番薯、芋子等的生长尤为适合，其种植也相对简单，随意在山脚坡地开垦一块地，都会有比较好的收成。早年粮食不足时，以薯、芋代粮基本能够解决温饱问题。芋子既可充粮又可当菜，所以客家人对芋子情有独钟。为了避免单调，吃芋子时不断变换制作方法和变换口味，芋子包、芋子饺、"珍珠丸"等以芋子为主要原料的各色食品便应运而生。其中"珍珠丸"是连城群众逢年过节、招待客人的必备食品，与芋子饺、鱼饺并称连城传统名小吃中的"三珍"。

"珍珠丸"主要以水芋为原料，煮熟后去皮捣烂，掺入地瓜粉搓拌均匀，捏成小圆团，

灯盏糕

灯盏糕是客家人逢年过节最具有代表性的小吃之一，是用大米、黄豆的混合浆为主要原料，内包馅心油炸而成。形状扁而圆，与运动项目中的"铁饼"颇有些相似，只不过中间隆起更明显一些，这就像2个旧时所用的油灯灯盏扣在一起，所以就随了形状称为"灯盏糕"，也有的地方称之为"铁勺饼"，源于制作时所用的工具铁勺。在闽西、浙南（主要在温州）等地都有制作灯盏糕的习俗。

灯盏糕的制作过程并不复杂，将经过浸泡后的大米和黄豆磨成浓浆后，加入佐料，倒入特制的铁勺中，然后放入适量馅心，上面再盖上一层浓浆后，投入到沸腾的油锅中，只眨眼工夫，铁勺中连同馅心一起的2层浓浆就会黏合在一起

并迅速膨胀，脱离铁勺浮在油面上后颜色会逐渐成金黄色，即可取出。即炸即食的灯盏糕外脆里松，味道鲜美，所以在很多灯盏糕的摊点前，经常会看到有等待新鲜出炉美味的队伍。早期灯盏糕的馅心多以萝卜为主料，加入肉或鸡蛋，但现在材料来源已经是五花八门。经油炸过的灯盏糕可以保存数天时间，随吃随取。

风鸭

饲养家禽是闽西地区由来已久的传统，一来耕地少，饲养家禽可以贴补家用，而且不需要花太多时间经营，甚至可以采取放养的方式；二来杂粮中薯类、豆类品种繁多，家禽饲养可以就地取材。养殖土番鸭和鸡可以说是闽西每个农家日常生活的重要组成部分。与闽西其他地方一样，漳平养鸭的农户众多，逢年过节鸭肉为餐桌必备品，其做法也独具匠心，尤以风鸭制作为特色。

立冬开始，有数百年历史的风鸭制作在漳平各村各户便紧锣密鼓地张罗开。自家饲养的土番鸭此时已是体丰肉满，宰后的生鸭除去内脏和

上起：灯盏糕、风鸭、官庄簸箕粄、苦抓汤。

鸭掌，浸入由五香、桂皮、八角等10余种中药精心配制而成的香料，再用竹片撑开，挂在竹竿上等待风干，即称"风鸭"。这个季节里，几乎家家户户门上檐前或廊下横梁都风鸭倒垂。待腊月过后，使风鸭成干，即可食用。风鸭最特别的烹饪方式是做成风鸭糊，即将风鸭肉剁成细碎块状，加以冬笋丝、香菇片、大蒜等佐料，用番薯粉调和成糊状煲熟。其状似粉羹，口感爽滑，香而不腻，是漳平习俗中只有招待贵宾时才会制作的佳肴。

官庄簸箕粄

粄为客家人传统风味小吃，泛指用米浆制成的食品。有糍粑、粄圆、甜粄、艾粄、咸甜粄等近10种之多，而这种把米浆置于蒸笼蒸出的半透明米粉片——簸箕粄，其得名概因最初米粉片都摊在簸箕上的缘故。簸箕粄在广东叫肠粉，在闽西，连城人称之为"捆粄"，在上杭还有"卷筒米""带子粄"等俗称，以官庄最有名。官庄还保留最传统的制法：将大米浸泡至发胀后，磨成浆状，注入脸盆大小的簸箕中左右摇匀，再猛火急蒸，只需几分钟米汤上面便形成薄薄的一

层皮，用竹条将米汤皮轻轻挑起，晾凉后柔软又筋道，把炒熟的肉丝、豆芽、香菇等各色小馅放入其中，卷成筒状。因为是用了米汤上的薄皮，故这里的簸箕粄又称"汤皮粄"。

簸箕粄与山东煎饼做法极为类似，只是原料不同，山东煎饼是卷入大葱丝、黄瓜丝、香菜等并加入少许大酱，而簸箕粄是卷入各种炒熟的小菜。因口感柔韧香滑，容易消化，当地人常把簸箕粄当作早点经营，一个小城少则几十家多则上百家簸箕粄店或摊点，常能看到人们在热气腾腾的簸箕粄摊点前排长队的晨景。

涮九品

涮九品是一种类似传统涮羊肉的火锅吃法，所谓"九品"是指牛舌峰、牛百叶、牛心冠、牛肚尖、牛里瘠、牛峰肚、牛心血管、牛腰、牛肚壁等牛体中9处精华部位。食用时，配以陈醋、山楂酱、芥末、姜汁、蒜、辣椒等佐料和小青菜等时令蔬菜涮烫，用汤也极为考究，除了常用的佐料、米酒等，还加入十几味中草药进行炖熬，口味独具特色，还有祛寒除湿等作用。因为所选的牛肉部位不同，便有了赤、橙、

黄、白等多种色彩，再加上酸、甜、苦、辣、涩五味，成为独特的地方美味——"一餐吃了一头牛"正是人们对涮九品特色的幽默写照。

涮九品在连城最为盛行，这与当地百姓酷爱吃牛肉的习惯有直接关系。据说这种吃法最初源于新泉、庙前的"炝门头酒"。旧时连城南部朋口溪一带船工很多，且常年浸泡在水里，湿气极重，而香藤根、鸭香草等中药煎熬以后对驱除湿气有很好的效果，在民间广为流行。将牛肉加酒炖于草药中的做法出于偶然，却因此酿成炝门头酒。到了20世纪80年代中期，连城的名厨师李善霖在炝门头酒的基础上进行创制而成，因而涮九品又俗称"九门头"。

苦抓汤

苦抓又名"败降草"，是闽西各地田间地头随处可见的一种植物，味道清苦，可兼做小菜或入药，具有清热解毒、祛火消肿的功能。闽西地区因夏季漫长且普遍较热，在这样的环境下人体内火重，当地民间自古就有用苦抓熬汤治疗便秘、解暑的传统，至今已经有几百年历史。苦抓汤既是一剂

良药，还是地方美食。以苦抓为主要原料，大肠等杂碎为辅料，慢火煲制而成的苦抓汤，汤色略呈黑色，滑而不腻，能充分刺激食欲。原为新罗特色风味小吃的苦抓汤，现已经遍及闽西各地，尤其在气候干燥的夏秋季节，成为闽西人"吃凉"的首选。

客家土楼

在客家先民迁居闽西以前，闽南地区就已存在土楼建筑。土楼最初是建在闽南山区的圆形兵寨，后来才演变为民居，并逐渐由一层改良为多层以便容纳更多人。客家人到闽西之后，在保留防卫功能的基础上，根据中原的儒家思想、风水理念及四合院特色等对闽南土楼进行改良，从而形成了现在闽西常见的客家土楼。

在外形上，客家土楼有圆楼、方楼、走马楼、五角楼等多种类型。圆形土楼因可以用相同的外墙长度，包围最大的公共庭院，且在高点上视野更开阔，所以被客家人广为采用。从整体上看，客家土楼是全封闭式建筑，规模宏大、气势磅礴，并根据南方多雨水的气候特点，屋檐呈现为斜坡角度，这个特征在承启楼、振

成楼、环极楼等体现得十分明显。这些土楼的墙壁是用当地的生土夯筑的，墙基厚达3米，外墙最高达10余米，墙体下厚上薄，同时略微内倾，并在建造时加入木条、竹片作为拉结的筋骨以增强抗力，具有很强的抗震能力。圆形土楼通常是3层建筑，每一层都沿墙用木板隔成几十甚至几百个房间，窗口的设置内阔外窄，高离地面，既便于防守，又利于外视。楼内还有水井、磨坊及祖堂等共用设施。

就外观和防卫功能而言，客家土楼与闽南土楼颇为相似，但相对于闽南土楼为了保护私密性而采用的独立单元格局而言，客家土楼采用的内通廊式方便土楼内的联系，适宜家庭式聚居，这与客家人的经历有很大关系——饱受战乱折磨的中原人经长途跋涉，客居闽西，修建客家土楼不仅是防御外敌的需要，更是客家人强烈家庭宗族观念的直接体现。2008年福建土楼被列入《世界遗产名录》，由闽西永定、闽南南靖、华安三地中的"六群四楼"的46座土楼共同组成，其中永定的初溪土楼群、洪坑土楼群、高北土楼群、衍香楼、振福楼豁然醒目。

承启楼

闽西的土楼主要分圆形和方形两种，前者以城堡般的造型独树一帜。位于永定高头高北村的承启楼为圆形土楼的突出代表，整个建筑面积5376.17平方米，直径73米，"高四层，楼四圈，上上下下四百间；圆中圆，圈套圈，历经沧桑三百年"，被誉为"圆楼之王"。

高头是永定江姓人聚居最多的地方，高头江氏从客家发源地宁化石壁村迁来。如今承启楼里供奉着同一位"老祖宗"——土楼的建造者、高头江氏第15代孙江集成。江集成生活在明末清初，只是个普通农民，靠勤俭节约善于持家而略有积蓄，买下了方形土楼五云楼，又兴建了承启楼和世泽楼，开创了家族基业。

承启楼坐北朝南，围绕中心共建有3圈，外圈4层，每层设有房间72间，总高16.4米，中间圈为2层，房间共80间，内圈为单层，设有32个房间。中间设置的祖堂，不仅是江氏家族的精神核心，也是共商族内大事的地方。承启楼的建筑工艺很多都是闽西客家人所独有，如地基由石块和灰浆砌筑；筑墙壁时把当地黏质红土掺入石子和石灰混合而成的

熟土夯实，并加入糯米饭、红糖增加黏性；外墙涂抹较厚的石灰以防风雨剥蚀等。从明崇祯年间破土奠基，直到清康熙年间才竣工完成的承启楼，历时半个世纪。人口最盛时期曾同时有600余人居住，虽是同一宗族，但因规模庞大，曾发生过同住楼内多年的姑嫂都互不认识，甚至为此闹出笑话的状况。浩大的规模、固若金汤的墙壁等特征，使承启楼成为闽西土楼的重要代表，1986年邮电部发行的一组民居系列邮票中，福建民居即以承启楼为代表图案。

泰安堡

清乾隆年间，虽平原地区国泰民安，但地处山区的漳平却匪患四起，百姓谈匪色变。灵地易坪村最有声望的村民许国榜为保护丰殷的家资和村民的平安，决定拿出多年来勤俭耕作而得的大部分积蓄，修筑一座坚固的土楼防御土匪，村民纷纷响应捐钱出力，乾隆四十五年（1780），工程历时13年的防御土楼——泰安堡竣工。

泰安堡是一座围廊式土木结构的城堡建筑，占地面积2000平方米，建筑面积1700平

泰安堡的悬山式屋顶层层叠叠，既有防卫功能，也体现了严谨的建筑风格。

方米。整体布局结合了方形土楼和圆形土楼的优点，前为边长37.7米的方形，后面为抹圆平面，与中国"天圆地方"的传统宇宙观相吻合，这种前方后圆式的土楼目前在整个福建仅存2座。泰安堡的外墙以厚石垒砌成厚3.5米、高3米的基座，其上是用三合土夯实的土墙，普通枪弹甚至土炮都无法轻易攻破，四边分布有34个瞭望窗和用来射击的方孔，可以对来犯者进行反击。大门为三重双开木门，在拱顶设置有泄水孔以防御火攻，沿墙有几处供储水备用的大型水槽。

堡内按民居构架建筑，并充分利用地势前低后高的特征逐级建起悬山式屋顶，层层叠叠，错落分明。其内部建筑格局按三进院落设计，沿中轴线上布有厅堂、厢房、粮仓、厨房等大

小51间房屋、2个厅堂和2口水井，各处均备有御敌用的石块、土枪和土炮。泰安堡的主体建筑为后院高13米的3层阁楼，二层和三层都有环形通廊，将整座建筑连成一体，站在顶层还可以观察方圆几里的动静。

九厅十八井

九厅十八井是与广东梅州围屋、永定土楼齐名的客家民居特色建筑。连城芷溪宫宗太宅门、长汀馆前沈宅、河田下大屋、上杭中都存耕堂、连城培田村古建筑群等，建筑特色都以九厅十八井最为典型，其中培田村有30多座，建筑总面积达7万多平方米。

"九厅"具体指门楼厅、下厅、中厅、上厅、楼上厅、楼下厅、楼背厅、左花厅和右花厅9个正向大厅，各厅功能不同，例如上厅是专供家族祭祀或是族长商议族内重大事情的专用地方，向来是建筑中最神圣的部分；中厅主要用于接待官员议政；而下厅和左、右厅则是会客接友的地方，常常最为热闹；楼厅兼具藏书和课子等功能，相当于书房。从各厅的功能来看，应该说九厅十八井是集居住、经济、政治、教育于一体的综合性建筑。

九厅十八井的等级观念 与土楼强调平等、淡化等级辈分的居住模式不同，九厅十八井式建筑规模宏大，布局和谐对称，十分强调"先后有序、主次有别"的传统观念：纵为主、横为次，厅房、厢房配套；主体、附房分离；上厅供祭祀、族长议事，中厅接官议政，左、右厅接客会友。双灼堂是培田古民居当中装饰最精细考究的一座九厅十八井建筑，为四进三开间带横屋对称布局，堂上供有祖宗牌位及遗照等。

闽西被誉为"土楼博物馆",类型丰富多样,典型的建造形式有方楼、圆楼、五凤楼3种,以及衍生的变形:半月形、椭圆形、多角形、三角形、交椅形、八卦形等,其中圆楼一般认为是在方形四角楼的基础上演变而来。土楼除了用来居住,亦是防御外来侵犯、抵御自然灾害、饲养家畜的场所,不少还内设学堂,成为一个生产、生活、教育乃至作战的综合体。永定

"圆楼之王"承启楼，以楼体高大、建造精致而闻名于世（图①）；方楼造型，具有悬山顶、抬梁、穿斗混合式的构架特征（图②）；五凤楼造型，前低后高，主次分明（图③）；半月形土楼造型，正中为大厅，前厅后室，视野开阔（图④）；宫殿式造型，中厅高，两厢低，屋檐错落，有如宫殿（图⑤）。

培田村的民居基本采用九厅十八井的院落平面布局形式。

"十八井"则包括五进厅的五井、横屋两侧的各五井和楼背厅的三井。有的建筑还远不止十八井，规模宏大的继述堂就有二十四井之多。但不管是十八井还是二十四井的建筑都是采用了中轴对称，厅与庭院相结合的格局。厅、井都有使用三合土铺就的地板和青砖砌成的火墙，窗户镶嵌于火墙之内，各处配以琉璃浮雕、名匾、石刻楹联和龙凤呈祥等图案，古朴风雅中透着浓浓的文化气息。九厅十八井无论从建筑特色上还是从构件上的雕刻、书法和工艺内涵上都凸显了中原文化与闽西自然地理环境相结合的烙印。

刘氏家庙

为奉祀三国时期蜀国鲁王刘永及入闽始祖刘祥，于北宋淳化三年（992）在长汀县城内建筑的刘氏家庙，又称"鲁王府""祥公祠"，因建在龙首山下王衙前，当地老百姓习惯称之为"王衙"。刘氏家庙坐北朝南，包括东山书院、朱子阁、桃园亭等在内共有大小房间69个，占地面积1700多平方米；门楼内高大且独立的照壁、单檐歇山顶式的正堂、把守门旁的石狮以及翘角檐等，都体现着中国传统的建筑思想。刘氏家庙以其规模宏大、建筑设计独特、历史悠久的特点，被视为江南刘氏五大宗祠之一。

作为祖祠，北宋末抗金名将刘铪父子、明末名将刘国轩、戊戌政变六君子之一的刘光第都曾回来祭祖。自宋崇安进士刘子翔任长汀主簿时在家庙旁创建东山书院时起，便吸引了众多鸿儒硕学前来讲学授徒，其中不乏理学大师朱熹、宋代名儒杨方之辈，历经八九百年，培养了不少拔尖人才。它也是兵家指挥机构及政府机关驻地理想之处，抗元英雄文天祥和太平天国石达开都曾驻兵于此，中国共产党早期曾在祠内开办过训政人员养成所，培养了大批工农革命干部，并在土地革命时期作为苏维埃政府办公址，留下了毛泽东、朱德、周恩来、刘少奇、叶剑英、陈云、罗明、张鼎丞等人的足迹。其独特的历史，使刘氏家庙成为极为少见的集祖祠、书院、纪念堂为一体的建筑体系。

李氏家庙

李德号宝珠，为唐太宗李

规模宏大的性海寺为本区佛教中心，寺内常有包括参禅在内的佛事。

世民后嗣，6岁随父从江西赣州迁入福建宁化石壁，生有六子一女。宋末元初，子女先后随南迁人外迁，李德与夫人留下来坚守他们开创的基业。晚年被接到上杭赡养，卒于宋宝祐三年（1255）。清嘉庆九年（1804），李氏后裔在长汀汀州镇修建了李氏家庙（又名宝珠公祠）来纪念这位入汀李氏大始祖。

李氏家庙坐北朝南，砖木架构，是一座府第式客家祠堂，保持了清代建筑的特征。厅堂为单檐硬山式，抬梁穿斗混合结构，全部构架两端雕刻花卉、卷草、鳌鱼等图案；中间石神龛由整块大石板砌成，雕有各种图案；中厅和前厅以透卓博古雕屏六扇相隔；中厅单排厢房，各自独立成院。石牌坊门

楼3座双层如意斗拱包围着皇敕"恩荣"二字的石匾，四周以狮龙花卉雕饰；横楣额上镌刻"李氏家庙"四个大字，两边人物图案，下端雕饰双龙双狮戏球；大门大小石狮分立两旁；门楼前宇坪竖有9米高的龙蟠石桅杆。整个家庙面积约900平方米，有九厅三十六房，专供府属闽西八县李姓应试童生和春秋祭祖宗亲住宿。

李德裔第四子李火德曾任上杭的父母官，后人称之为"入闽始祖"，并在上杭建立李氏大宗祠加以纪念。延衍至今，李德裔孙已遍布海内外，其间多出英才能人，明、清二朝不乏丞相、将军、忠臣；现代有世界著名政要李光耀父子、美国国家航空航天局科学家李凯元等。

性海寺

位于连城新泉马背村中华山山腰的性海寺，始建于明洪武四年（1371），其前身是元末明初圆亿和尚所建的只有一间草寮、一鼎铁香炉的小寺，取《华严经》中"毗庐性海"之意，将寺命名为"性海寺"。圆亿和尚圆寂后，性海寺无人缮理，日渐萧条。

1947年，已经2次进住中华山的法师释慧瑛决定将中华山作为修行之地，当时中华山仅有的寺庙——性海寺已是几经劫难，破烂不堪。释慧瑛法师在当地动员善男信女，筹募资金，利用1年多的时间，将性海寺重建成一座约300平方米的寺庙，自此香火不断。尽管此后性海寺也发生过一些变故，但释慧瑛法师带领僧尼既

西陂独特的塔式天后宫。

念佛经，又念"山经""农禅并举"，省吃俭用，披荆斩棘，经营茶林、水稻、果树，后来甚至还兴办砖瓦厂、榨油厂等。"一日不作，一日不食"的法师真言，让性海寺做到了自给自足，又为以后的寺庙扩建奠定物质基础。大雄宝殿、天王殿、藏经楼、大悲楼、天坛五佛塔等总面积近5000平方米的建筑，就是在这样的情况下陆续建造起来的，从烧砖制瓦的备料过程，到砌砖彩绘的设计，包括工程施工均由性海寺的僧尼完成。这时的性海寺已经是闽西知名的古刹之一。

西陂天后宫

西陂天后宫坐落在永定高陂西陂村，其塔原称"文塔"，是西陂状元林大钦得到嘉靖皇帝的恩准后，按照京城文塔的建筑模式构建而成。因妈祖海神信仰在东南沿海非常有影响，且当地群众全是妈祖族裔，故而把妈祖女神请入供奉，并改称"文塔"为"天后宫"。后几经修葺改造，才成为现在的天后宫古塔，并成为中国独一无二的塔式天后宫。

始建于明嘉靖二十一年（1542）的西陂天后宫，直到清康熙元年（1662）才竣工，具有鲜明的明清建筑风格。整个建筑坐东南朝西北，占地10173.6平方米，建筑面积2726米。由大门、戏台、大宝殿和登云馆等组成，兼具土木与砖木特点。宫门入口处有一座2层戏台，戏台顶部藻井呈圆穹形，俗称"雷公棚"，每年圣母生日信众都会在此祈祷演戏。天后宫的主体建筑——文塔就在戏台后面。通高40米的文塔，塔基为石构须弥座，以天然卵石砌墙基，塔殿雕梁画栋。塔身的1—3层为四方形，土木结构；4层以上为八角形，其中4—5层为砖木结构，6—7层为纯木结构，第7层中间以一根大圆杉木为轴，用数十根方木向四面八方辐射成车轮状。塔的底层为主殿，用于供奉天后圣母，由4根粗大圆木承载起全塔的重量。在文塔数米以外建有"凹"字形的护塔房舍36间，东西两侧房舍中间设有会客厅。塔的南面正中为登云馆，是科举时代会文讲学的场所。

值得一提的是，西陂天后宫大塔建成的几百年，虽曾经历过多次强烈地震，却丝毫没有发生过倾斜。而塔里的壁画、雕塑、石刻等，无论对妈祖文化还是对建筑学都具有很高的研究价值。戏台的规制及其屏风上彩画的仕女图，又是研究戏曲史的重要实物资料。

虎豹别墅

虎豹别墅是永定著名爱国华侨胡文虎生前所建，胡文虎有同胞弟弟名为胡文豹，因此别墅命名"虎豹"。虎豹别墅在全世界共有3处，香港、新加坡各有一处，第三处位于其祖籍地永定下洋中川村，这也是唯一一处胡文虎没有住过的私人别墅。永定的虎豹别墅主体为土木结构，使用部分当时在当地几乎很少使用的红砖、钢筋和混凝土，坐北朝南，占地总面积2730平方米，前方2层，后方3层，悬山式屋顶。前低后高，层层叠加。别墅最初建造是在1946年冬季，胡文虎耗资34万港元购置材料，到1949年由于时局而不得不停建，直到1954年胡文虎逝世时也没有

复工。1993年，为纪念胡文虎逝世40周年，胡文虎女儿胡仙按照当初的设计将虎豹别墅修建完成，并交永定县政府管理。现为胡文虎纪念馆。

香港的虎豹别墅位于港岛大坑道，有山有洞、有园有塔，44米高的7层虎塔曾是港岛上唯一的中国式塔楼建筑。新加坡的虎豹别墅是胡文虎为弟弟胡文豹所造。

容膝居

连城宣和培田是座具有800多年历史的村庄，在鼎盛时期，文人、官宦及商贾云集，为适应当时的社会和宗族发展的需要，要求妇女在思想和礼仪上与之适应，容膝居就是在这样的背景下应运而生。确切地说，容膝居是对古代妇女教育重视的直接体现。

容膝居是培田村先民吴昌同在清咸丰年间为本族妇女所创办的教育场所。在这所特殊的"学校"里，女子可以接受三从四德的思想引导以及家政、工艺、礼仪等诸多方面的教育，学员主要为到了适婚年龄的姑娘和娶进本村的媳妇，而"教师"则是由本族内年纪稍长的、有一定威望且能说会道的已婚妇女担任。

当时社会里，妇女的地位还比较低，在各宗族谱里，都有关于如何约束妇女言行、举止，甚至着衣、出行活动的诸多由男人制定的"法律"的记载，但是在容膝居里，妇女却可以自由讨论包括生理等诸方面的问题，甚至平日羞于启齿的如何与男子交往、相处的敏感话题都可以摆到桌面上，就像容膝居照墙上所镌刻的醒

"可谈风月"的容膝居小院。

目大字"可谈风月"一样。在当时极端封闭的年代里，容膝居把"可谈风月"供于天下，无疑是一种思想上的解放，也许这正是创办者将其命名"容膝居"的意义所在。关于容膝居的来历有多种说法，但比较而言，陶渊明在《归去来兮辞》中"倚南窗以寄傲，审容膝之易安"中的"容膝"更与容膝居所体现出来的思想接近，尽管只是狭窄之居，却是古代妇女思想进步的福地。

修竹楼

连城培田，除有民居、宗祠、商铺等普通建筑之外，还有一些特殊用途的建筑，如绳武楼、容膝居、修竹楼等。修竹楼又名廉让居，坐落于培田后龙山下，与绳武楼毗邻，两楼相隔仅丈许。楼后有清泉水井，楼前是一块水塘，周边还栽植有桃、李等果树，环境清幽。修竹楼是培田古民居中为数不多的2层楼，土木砖瓦结构，楼房呈四分包围样式，中间开天井，楼下一层后部为一排谷仓，被当地老一辈人称为"仓楼"。

修竹楼为当地教谕（学官名，相当于今教育局长或委员主任）吴震涛建筑于20世纪初，最初是为了"遊息其间，以经史自娱"，即作为游玩休息的休闲场所或读经史、自娱自乐之处。大门口尚留存有一副对联："非关避暑才修竹，岂为藏书始筑楼。"后来修竹楼被辟为手工艺培训场所的历史也屡为人们所提及，其起初以针对村中女子为主，村民在这里交流泥、木、雕、塑、剪等技艺，修竹楼还曾临时充当高考补习班，所有优秀的培田学子集中在这里，由村里聘请著名的先生进行考前点拨和相互探讨，再统一到福州的宣和试馆参加考试。

屋桥

屋桥是桥梁的一种特殊形式，就是在一般的桥梁之上再构架廊道或楼宇亭台，主要是为行人避雨遮阳，所以又称"阴桥""廊桥""楼桥"或"福桥"。如果按最早关于屋桥记载的时间算起，这种建筑应该是起源于公元3世纪初，在中国西南、西北和华东地区都有屋桥的记录，闽西现存的屋桥有多处，主要集中在长汀和连城两地。

长汀的建州桥是有文字记载以来最古老的屋桥，始建于五代时期，由于年代过于久远，屋桥所用木材老化，原来的屋桥已经被水泥桥所代替。连城莒溪的永隆廊桥，始建于明洪武二十年（1387），是闽西现存最古老的屋桥。此外，还有长汀策武的风雨桥、连城罗坊的云龙桥和四堡的玉砂桥、漳平的永济桥、永定的高陂桥、武平的大阳桥等等，堪称闽西屋桥文化的"活化石"。

闽西屋桥的多见，与自然地理环境有着不可分割的联系。溪涧纵横，山路崎岖，逢路必有桥可以说是早期闽西交通的最大特色，湿润多雨的气候条件下屋桥是避雨歇脚最理想的去处，同时也是对木质结构桥梁的一种良好保护设施，而林木资源的丰富进一步促进了屋桥的衍生发展。屋桥多建在村边水口，所以除了上述的避雨歇脚外，还可以在桥头和桥上设市场，甚至摆上佛龛成为祭祀的场所。因风俗习惯不同，闽西各地的屋桥也风格迥异，但建筑手法却是相通的，屋桥全部都采用木质结构，"屋"顶或是乌瓦相衬，或是琉璃瓦配脊。设计精巧，美观实用，整座屋桥可能会用到成千上万个构件，但不需要一钉一铆，全部是通过木扣紧紧地组合在一起，十分牢靠。

连城罗坊的云龙桥及其内部构造（小图）。

阴塔

闽西的特色建筑中，除了土楼和屋桥，阴塔也堪称一绝，这种塔与其他的塔不同，犹如铁钉入木，呈深陷地下，不明缘由的人还常以为只是一口普通的水井。

长汀的卧龙山下，就有2座这种阴塔——八卦龙泉和府学阴塔，两者相距仅200米左右，被合称为"双阴塔"。其中八卦龙泉在开元寺内，因此又叫"开元井"，大概建于唐开元年间。整座塔井深16米，上宽下窄，平面呈八卦状，全用石块垒砌。井口最宽，有1.7米，然后分层递叠，逐级收缩，但每层都用8块石板垒砌。井底深处有水，井水与汀江龙潭水相通，不仅清澈如镜、甘甜清纯，而且长年不枯。府学阴塔建于北宋咸平二年（999），因所在之处为当时府学之地而名，也是层状结构，井口直径约1米，深13.5米，井内清泉也终年不断。与八卦龙泉不同的是，府学阴塔上窄下宽，呈圆锥状，且用青砖垒砌。井旁有一块上书"府学阴塔"四字的古石碑。

关于"双阴塔"的来由还有一段有趣的传说：从前，一位外籍官员来到汀州，因记恨当时得罪过他的一位汀州籍官员，便在城关的东西两个山头分别建起万魁塔和辛峰塔（均已被毁），把卧龙山的盘龙镇住，使其无法腾飞，以断绝汀州的钟灵毓秀。但是此计被汀州人识破，他们以阴制阳，在相对的地方分别建起了阴塔，以保汀州人文昌盛。虽然这仅仅是一则传说，但也从侧面说明了汀州的人杰地灵和追求阴阳调和的传统观念。

风水林

闽西村落多依山建造，村落或祠堂后面常有一片浓郁茂密的树林，即使房屋建在平

风水林不仅体现了闽西人对自然的依赖，还承载了他们对长寿、财丁兴旺

坦地形上，屋后也都种植有四季常青的林木，少则几千平方米，多则可能有几万平方米。无论是单家独院后面的片林还是自然村落后山大规模的成林，树龄都有数十年甚至几百年。树种主要包括栲树、楠木、樟树、木荷、松树等易于成活且繁殖能力强的树木或竹林等，这些树木生命力顽强，一次栽种，自生自繁，可活上百甚至上千年。闽西人把这些树木的生长态势当成全村或家庭兴衰的标志，故称"风水林"。

风水林的形成与生活在山区靠山吃山的思想有关，林

的愿望。图为连城的风水林。

产品是主要的生活来源之一，在这样特殊的环境下形成对山、对树的崇敬。又因树木本身具有调节气候、保持水源等功能，林木长势好，也就意味着所在的自然环境好，进而延伸为"风水"好。在这种传统风水意识的作用下，闽西风水林都有极高的地位，受到严格的保护，虽然半时人们都在林里歇脚纳凉或避风挡雨，但绝不可以擅自动其一草一木，否则将遭受严厉的惩罚。每年清明节前后，虔诚的村民还会供奉鸡腿、羊头和水果等供品，以求得平安长寿和人丁兴旺。

四堡路灯

闽西四堡的路灯习俗中的路灯作用与现今的路灯设置从表象上看并没有差别，但就内在本质而言，前者的内涵更为丰富，是传统乡民文化延伸和拓展的表现形式之一。在连城四堡的雾阁及马屋、清流长校、长汀新桥的江坊等村中，路灯称为"天灯"或"添灯"。他们认为天灯有自己的神，即天灯菩萨或天灯尊神，灯神具有的法力可以保护村内不受邪魔外道的入侵并带来光明，这一点可以从"路灯伯公"牌位的设置上窥见端倪。而"添灯"这一称谓与祈求人丁兴旺的寓意相一致，即"添丁"。

四堡路灯习俗

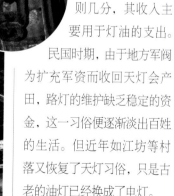

四堡旧时使用煤油路灯，现仅存2个用于升降路灯的灯轱辘，仍置于村口风雨廊的拱顶内（小图）。

始于清乾隆年间，当时已经出现专门供奉天灯的祠堂。当时各村根据规模的大小都设置一两盏路灯，像雾阁村人口较多，就设置有2盏。一盏是挂在村口，有阻挡侵入村中的邪门歪道之用，当然也作为进村和出村的照明；另一盏是挂在村内的重要拐角处，照明驱黑的意义更为明显。江坊村民有意于营造自身居住环境的安静，天灯也特别多，共有7盏，散布于村落中，号称"七星照月"。通常情况下，路灯在天黑之前点亮，天亮后熄灭。路灯是天灯会会员轮流负责管理的，这是一个专门的组织，包括每年正月的抬龙灯活动也由天灯会操办。

天灯会有单独的产田，多则两三亩，少则几分，其收入主要用于灯油的支出。

民国时期，由于地方军阀为扩充军资而收回天灯会产田，路灯的维护缺乏稳定的资金，这一习俗便逐渐淡出百姓的生活。但近年如江坊等村落又恢复了天灯习俗，只是古老的油灯已经换成了电灯。

拾骨葬

拾骨葬又称"二次葬"

"金罂葬"或"洗骨葬",即人死后先择地下葬,几年后再开棺将骨殖另葬。在高山族、壮族、苗族、侗族、瑶族等少数民族和客家、闽南地区都有拾骨葬的习俗,他们认为骨殖是灵魂的载体,只有保持骨殖的干净,先人的灵魂才会安息,尤其是后人家道中落或家中有人生病,都会认为是由于先人的灵魂由于骨殖不净而不安作祟,这时后人就要举行拾骨葬。

闽西地区流行的拾骨葬除了普遍意义上的"灵魂不灭"观念外,还与他们的移民历史有很大关系。迁徙途中,常会有灾病或不测,人死后就只能就地埋葬,到日后定居时,再将骨殖迁出重葬。拾骨葬多在清明、重阳、冬至前后进行(武平是春分节气拾骨)。开棺后如果发现血肉没有完全化尽,便不能拾骨,要再等几年后再次开棺。拾骨时要按从下到上、自脚趾开始到头的顺序,将骨殖水洗或拭擦干净后,放入名为"金罂"的陶罐中,盖上圆盖立式贮存,另埋葬在风水好的地方。如果葬后几年内家族太平,以后就不需要再拾骨,如若不然,则还要进行再拾骨,所以拾骨葬少则2次,有的多达七八次。

定光古佛

佛教在闽西有极其深远的影响,在所有信仰佛教的地区中,只有闽西和闽北建瓯、顺昌、崇安才将禅院称为"定光"。定光古佛是闽西客家地区最主要的守护神。闽西民间有很多关于定光古佛普救众生、祈雨救旱、避免战祸、赐嗣送子的神奇传说。

定光古佛又称定光大师、定光菩萨、定应大师。本名郑自严,后唐应顺元年(934)生于泉州,11岁时出家为僧,法号"定光",33岁时结庵于武平南安岩、镇蛟除害、筑定光陂、送子济贫等一系列善举深得当地百姓的敬仰,这意味着定光佛信仰在武平已经初步形成。随着影响范围的扩大,宋大中祥符四年(1011)郡守赵遂良将定光佛请来汀州。事实上,这一时期关于定光佛信仰已经遍及闽西和赣南一带,是定光古佛信仰发展的鼎盛时期。至今每年农历正月初六,闽西很多地区都会举行隆重的定光佛诞辰祭典。定光古佛信仰在武平乃至整个闽西的发展,既与客家人的心理需要有关,也与赵遂良、苏东坡等地方士绅和文豪的推崇、宣扬有直接关系。随着客家人迁徙的脚步,定光古佛信仰也跨出闽西,传入赣、粤、浙、川等地。明清时期,闽西移民入驻台湾,定光古佛的信仰也随之传入,现在台湾彰化、淡水、台南3座定光寺,都是明清汀州移民所建,所以又名"汀州会馆"或"鄞山寺",其中彰化定光庙挂着"济汀渡海"大匾,有对古联上联是"古迹溯鄞江,换骨脱身,空色相乎圆

定光古佛的道场——武平岩前均庆寺。

光之外"，其中"鄞"即古汀州别称。

蛇崇拜

蛇崇拜在闽西地区由来已久，甚至早在客家人到来之前，当地的闽越等土著族就以蛇为图腾。"没有汀州府，先有蛇王宫"，长汀罗汉岭的蛇王宫是蛇崇拜源于古代闽人的有力证据。这种蛇崇拜的衍生与所处的自然环境不无关系，闽西山区多蛇，并且是人类生活中最主要的威胁之一。蛇来无影去无踪，既可伤害人畜，也可攻击甚至吞食兽类，闽人认为它是某种神灵的化身。同时，在极为重视生殖能力的古人眼中，与男性生殖器形状相近的蛇身代表着顽强的生命力，这种恐惧和崇敬使得蛇崇拜在古代得以盛行。这一点除了见于史书记载，还在近年闽越旧址陆续出土的先秦时期瓦片和春秋时期陶器中，发现有大量蛇形印记甚至是蛇的象形文字作为实物资料。

在中国的传统文化中，蛇龙同源，所以闽西存在蛇崇拜的同时也有龙崇拜，先秦以前，闽越后裔生活在水上的疍民都在身上文画与蛟龙有关的图案，并自称"龙种"。古人

祈雨都是供龙王的，其实蛇与水的关系也极为密切，古闽人就是以蛇的出现作为下雨的征兆，蛇被视为承载龙崇拜意识的原形和实物。而随着北方汉人的南迁入闽，把原来对龙的崇拜寄托在与之同源的蛇身上，这进一步强化了当地人对蛇崇拜与龙崇拜思想意识的融合。尽管后来闽越国灭亡了，但留下来的闽越族人和他们的后代仍然保留着崇蛇习俗，蛇崇拜作为一种文化传承现象，对闽西甚至闽粤台、江淮的大部分地区都产生了深远的影响，以前福建很多地区的妇女经常佩戴的蛇簪，即被认为是蛇崇拜思想的遗存。

伯公

"伯公"是对长辈或先祖的称谓，但在闽西，"伯公"还有另外一层含义，是对土地等各神灵的泛称。在客家生活的地区，伯公的神位随处可见，从灶头伯公、床头伯公到土地伯公、田头伯公、路口伯公，甚至大树伯公和石头伯公等，对辖地较广的水口或村口伯公则尊称为"公王"或叫"社官老爷"。从这些神位的设立中，可以窥探出长期处于农业社会的闽西客家人生存与

"三把刀"头饰　清末民初福建妇女的一种独特头饰，呈刀剑形、银质，长约22厘米，重约50克，属簪类。插戴在发髻上，两刀横插头部两侧，刀尖朝外，相互对称；中间顶簪直插，刀尖朝下，刀柄向上直指苍穹，又称"三条簪"。其历史悠久，来源众说纷纭，一些学者认为与古越族关系密切，或是古越族妇女戴在头上用以抵御强暴的利器，或是古越族后裔蛇神信仰的体现，因此做成蛇昂首之状，俗名"蛇簪"，"乃不忘其始之义"。留传至今且完整成套的"三把刀"已凤毛麟角。

长汀汀江畔一座简陋的土地庙。这种土地庙在长汀随处可见，它正是闽西伯公崇拜的体现。

闽西客家民俗既传承了中原文化，又融合吸收了百越文化精髓，走古事（左图）、游大龙（中图、右图）都是连城明

发展对自然条件的依赖，这也是汉族传统信仰与闽西自然崇拜相结合的直接体现。而"伯公"称谓由人到神的转嫁，本身也蕴含着人与神灵、自然环境的亲密关系。如上杭地区敬奉的土地神——土地伯公，"入山先问伯公""伯公唔开口，老虎唔敢吃狗"的民间谚语既是土地伯公权威的体现，也说明其已经融为日常生活的一部分。

由于闽西信仰中的伯公多半没有具体化的形象，所以牌位的设置都极为简朴，有的是一块石碑、木牌、红纸等，甚

至就只有一块石头，在田间地头或是村口树下，甚至是灶台之上都能见到伯公牌位，但这并不影响客家人对伯公的信仰程度，每年农历的六月初六是伯公生日，虔诚的人家都会给各处伯公上香、敬茶、许愿、还愿。其实，土地神、树神等自然崇拜现象在很多地区都有，但是在客家生活的地区，已经把简单的自然崇拜转化为对保护神的崇拜，客家人对自然神灵的信仰由此可见一斑。

罗坊走古事

早在明代，连城罗坊和北

团的溪尾、下江坊、城郊隔川等客家聚集地就广为流行一种全民健身运动，其中罗坊以其规模大、参与人数多，被誉为"山区的狂欢节"。这种活动源于祈求风调雨顺、国泰民安的祭祀活动——走古事。据说古时这些地区旱涝灾害频发，曾在湖南任知县的当地罗世十四祖才徽公告老还乡时，把流行于湖南的走古事带入本地，后来逐渐演变与元宵节结合起来，成为有地方特色的大型民俗活动。

"古事"是指七座轿台，即"七棚"。七棚里分别坐着

代起即已存在的闹元宵的大型民俗活动,参与人数多,影响广泛。

天官主角、护官武将、李世民、刘邦等14名由胆大的10岁男童装扮成的古代人物,每棚两人,再加上棚本身200多千克的重量,要22名精壮男丁抬着奋力奔走。走古事活动重在"走",所以参与者的脚上功夫就显得尤为重要,提前10天甚至半月就要开始锻炼。

正月十四所有"古事"都汇集到罗坊的屋背山坪,沿400米长的椭圆形跑道你追我赶,以此决定胜负。次日"陆战"转为"水战",止午过后,聚集河边的古事只待三声炮响,便蜂拥下河,逆水而走,除坐有天官、武将的一棚不能超越外,其余各棚凡先到者被视为吉利,所以各棚男丁不顾天寒水冷,奋力前行,跌倒之后要迅速爬起、毫不含糊,直到全部七棚均到达指定的终点,这一年一度的盛事也就此结束。

姑田游大龙

游大龙是连城姑田客家人闹元宵的传统大型民俗,已有400多年历史,之所以能代代相传全今,除了含有人们祈求风调雨顺、五谷丰登的美好愿望之外,也许还源于远离中原的客家人对中原古老传统和文化的执着保留和守望。

据考证,明代年间,姑田下堡村的邓氏子孙到广东潮州省亲时,因看到潮州舞龙,十分惊叹,遂将龙画成图样带回姑田仿制,在元宵节期间游龙戏耍,乡民们都欢天喜地地争相观看,此后沿袭成一道年俗。当时的姑田龙还是直径约0.4米、只有20多节的小龙,后来龙身不断加高加宽,制作样式日臻完善,至今大龙每节龙腰高2.2米、大直径0.7米、长4米多,最长的大龙曾有236节,号称"中华第一龙"。

每年农历正月十五，姑田大龙出游前，众人要先祭拜龙头，再抬着大龙出游各村，大龙在乡间村野和大街小巷间蜿蜒穿行，腾挪起伏，男女老少追随围观，游龙队伍浩浩荡荡长达数里，途中乐队锣鼓喧天，家家户户门前点松明、摆果茶、放爆竹，迎接"龙游大地，喜到人间"，虔诚祈愿；入夜，龙身将被点亮，灯火辉煌，举龙狂舞，场面蔚为壮观。值得一提的是，大龙出游时比的是谁家制作的龙身最漂亮，游龙结束时，谁家的龙身最破烂，这意味着谁家最吉利。最后还要将大龙彻底烧毁，以寓意大龙的神化，来年再造。历史久远、以大取胜的姑田游大龙，被誉为客家民俗文化的一朵奇葩。

保苗节

在长汀濯田升平村及周边地区，至今仍保留举办保苗节的传统，主要是祭祀"三太祖师"和"五谷大神"。每年农历二月初二前后，正值农家开始春耕，村民以祭祀诸神的盛大活动来求得风调雨顺、农业丰收。

"三太祖师"和"五谷大神"起初供奉在明末清初时建的灵极山寺内，保苗节就是在这里举行。但在清同治十年（1871）灵极山寺因遭遇火灾而毁掉，保苗节就由按姓氏划分成4片的各村轮流举办。在不断的演变过程中，保苗节除保留着抬"五谷大神"巡游的祭祀内容外，还增加了诸如斗轿及百壶宴等带有娱乐性质的民间活动。

参与斗轿的轿夫都是各宗族年轻力壮的男子，进入斗场前要沐浴净身，换上白褂，腰束红绸，2人一组，抬着重约百千克的高大木轿，在保证轿子不落地的情况下，相互推挤，直到一方筋疲力尽，人倒轿翻，胜者还要迎接下一组来者的挑战，最终的胜者当选本年度的"轿王"。斗轿之后，便是隆重的百壶宴，百壶宴也是当地六月六庆禾节的重要活动之一。附近十几个自然村的村民，围坐在次第摆开的几十张或上百张大桌旁，执壶取杯，行酒猜拳，场面异常热闹。源于清初的保苗节，到清同治初年达到鼎盛时期，至今已有300多年历史。

游大粽

粽子高1.6米，粽衣由上万片粽叶缝制而成，所需糯米60千克，经过四天四夜煮熟后，再用金箔纸包裹，贴上吉祥纸花，四周挂上几百个拇指大小的小粽，由几个青壮男丁抬着沿街游走，前面神铳开道，后面龙凤旗、花灯、古事棚等百十号人的长队一字排开，一路吹吹打打，浩浩荡荡……这样的场面在连城北团上江坊村每年农历二月十五都要经历一次，这就是当地传统的民事活动——游大粽。

悬挂在大粽周围的小粽有公母之分，游行结束后，四邻妇女就会聚集在称为"福"手制作大粽的家庭讨吃小粽，想生儿子的吃公粽，想生女儿的吃母粽，大粽是成熟"种子"的象征，所以分给每家每户，或用来酿酒，或撒到田地里，以祈祷在新的一年里风调雨顺、五谷丰登，由此忙碌的春耕随之开始。客家人历来对稻米等粮食极为重视，这主要是因为客家多居住在山区，土地珍贵，粮食也不充裕，早年诸如米酒、年糕、粽子等稻米制成品是供奉祖先和神灵的祭品，只有在特殊的日子里才能享受得到，米是生命和力量的源泉这一思想是形成客家粮食崇拜的重要起因，而游大粽则是客家人内心对"米谷神"崇拜意识的具体体现。

北园游大粽的历史最早可以追溯至清康熙初年，距今有300多年，由每年二月初九到十五上江坊村每户人家包粽子、敬拜"五谷真仙"祈求丰收的活动演变而来。延续到现在，游大粽成了丰收、和谐的象征，如今，上江坊村的江、伍、钱、童等10多姓村民都会积极出资、出力参与游行，游大粽的排场也越来越大，越来越热闹。

春分祭祖

祭祖一方面是源于"百善孝为先"和"慎终追远"的传统观念，对祖宗先辈表示孝敬之意和表达怀念之情，另一方面是由于人们深信祖先神灵可以保佑子孙后代，使之兴旺发达，因而对先祖的祭祀历来是中华传统文化的重要组成部分。在客家人聚集的地区，都是选择在春分日打开祖祠的大门，开始进行祭祀活动。春分祭祖在客家地区有着悠久的传统，闽西客家聚集的地区，每年春分祭祖都是重大集体活动，其中以长汀濯田下洋的王氏、羊牯迁川的吴氏家族举行的活动最为隆重。

王氏先祖早在南宋年间就已经落户在下洋，自清乾隆

保苗节上的百壶宴。用以祭祀的主要器具是酒壶，为闽西的传统锡制工艺品。

游大粽是客家粮食崇拜的一个表现。

客家人在手工舂糍粑，为春分祭祖做准备。

五十五年（1790）后世子孙建造王氏宗祠后，春分祭祖活动就一直延续至今。祭祖活动在春分前的半个月就已经开始着手准备前期工作，并确定族内最有名望的长者主持祭祖活动。从春分凌晨就开始杀猪、宰鸡、做糍粑等，准备成百上千人的祭祖宴。祭祖开始时，鼓乐、唢呐、鞭炮便齐声响起，主祭人员向祖宗牌位叩首祭拜，然后众人拿着猪、牛、羊等三牲祭品前去祭拜祖坟。这之后的新丁取名和增订族谱等后续活动也是其重要内容。各地客家各族的春分祭祖程序大体相似，每年少则百人，多则几千后人参加，体现了其浓厚的家族观念和敬祖意识。

炒虫炒豸

正如宁化农谚"懵懵懂懂，惊蛰好浸种"，一般到了惊蛰前后，各地气温都明显回升，又到一年春作的时间。此时蛰伏冬眠的虫类也开始复苏活动，啃食稻谷和杂物，所以古人主张在这一时间及早灭虫。

在闽西、闽北以及广东等地，黄蚁是惊蛰前后出现的危害最大的虫类，所以很多地方灭虫都主要是针对黄蚁。在古汀州民间就流传有关于灭黄蚁的独特习俗。惊蛰这天，各家各户都会早早起床，开始打扫卫生、清理房间，然后炒豆子、炒麦子给小孩子吃，长汀等地称"炒蚂蚁"。在永定，人们还要把炒好的豆麦舂碎，然后再炒，要反复十几次，炒时口中念念有词："炒炒炒，炒死黄蚁爪；舂舂舂，舂死黄蚁公"，用这样以物替物的方式"炒死害虫"。另外，闽西也有的地区是煮连毛芋子（俗称"焗老鼠"），认为这样可以消除多种小虫的危害，这些灭虫的方法在当地叫做"炒虫炒豸、煞虫煞豸"。除了这种"炒惊蛰"之外，还要在橱脚、桌脚、柱脚、墙脚和房屋四角等处撒上一些生石灰来除虫，叫做"漏虫漏豸"。

美溪"六月六"

长汀濯田美溪村"六月六"敬三仙的传统民俗，极具客家特色。相传"三仙"是早年汀江美溪村一带靠鸬鹚捕鱼为生的黄七郎和他的儿子黄十三郎以及他的女婿，成仙后成为美溪村的地方保护神。自康熙年间开始，"六月六"敬三仙活动一直延续至今，已经有300多年的历史。

据说因为鸬鹚与三仙感情深厚，不便杀宰，所以信众以鸭替代鸬鹚，设"百鸭祭"供奉三仙。农历六月初六前后，也刚好是闽西稻谷成熟即将开始收割的季节，祭祀活动寓意祈求来年在三仙的保护下仍然风调雨顺，人畜平安。"美溪'六月六'，百鸭庆禾熟，皆因米谷少，只能煮鲜粥。"这句顺口溜真实地反映了昔日"六月六"敬三仙的情景。节日当天，村中大坪上2株最古老的樟树下，早早搭起了长长的供台。从7点开始，美溪、上塘及周边村庄的几百户人家，都将各自准备好的一只鸭、一块肉、一盘黄粄云集在供台上一字排开，形成壮观的"百鸭祭"。8点半，随着一声铳响，三仙菩萨像在众人的簇拥下进入大坪，祭祀活动正式开始，鼓乐声、鞭炮声、欢呼声汇成一片。10点左右大戏开场，村民可以自邀成席，边看戏边品百鸭宴。

在长汀的很多乡镇，"六月六"除敬三仙外，还有"曝晒"的习俗，这时正值盛夏，太阳酷热，民间认为"六月六"这天的太阳最"苦"，通过曝晒可以达到为衣物、书籍等杀虫去霉的目的，因而又有人称之为"曝晒节"。

盂兰盆节

新罗适中的人口主要都是迁徙而来的中原后裔，所以许多民俗和文化活动既带有闽西地域特色，又保留了中原遗风，盂兰盆节就是最有代表性的一种，有文字记载的是从1444年开始。

适中盂兰盆节在每逢干支甲、乙、丙三年的农历年举行，每10年一次，从农历十月初一开始，直到十月十六。由陈、林、赖、谢四大姓族推荐资深名望的7个户头共同来组织盛会事务，称"七团"理事，或"四姓七团"，任期都是10年，要完成包括筹划、公田的设置等重大事情，这种制度化早在明嘉靖末年后就已初步成形。

盂兰盆节初一，试粉（挑鸭公）；初六至十六，全乡斋戒10天，不准杀生；初十开始，恭迎"圣王"，鉴拜"圣王"直至十五。百姓备以斋粿素类之物在各自家门口焚香朝拜，金童玉女坐在高约10米、需要46人抬着的台子上巡游，成千上万人的队伍簇拥跟随着圣王公像。之后，每个佛寮活动点鼓乐喧天，舞龙、舞狮、竹马灯、采茶灯、民间剧团演戏，各行台灯火辉煌，乡里男女老幼和周边邻里的群众纷纷赶来，参加为期半个月的盛会庆典。随着时间的推移，盂兰盆节已融入了更多的民俗文化踩街活动。

盂兰盆节的最后一天，成千上万人随圣王公像巡游，场面蔚为壮观。

闽西汉剧

南宋时期汉人大举南迁时，将"汉皋旧谱"和"中州古调"这种古老的音乐文化一并带到粤东和闽西地区，并与当地音乐、语言、习俗相结合，发展成为客家音乐的一种表现形式。

闽西汉剧迄今有近300年的历史，清雍乾时期，发展之初的闽西汉剧同时受到楚南戏（湖北、湖南一带）和东河戏（江西一带）以及本土音乐的影响，兼唱多种不同声腔源流的腔调，所以称"乱弹"。光绪年间，受到粤东"外江戏"的影响，也改称"外江戏"，主要流行于新罗、连城、永定、长汀等闽西各地区。外江戏仍然保留了楚南戏二黄、西皮的主要唱腔，尤其吸收了闽西本地的木偶戏、吹打乐、佛调及民间音乐小调等艺术养分。20世纪30年代，外江戏向汉剧转型，其表演形式和唱腔在这一时期已经基本形成固定形态。50年代末为与湖北汉剧、广东汉剧相区别而称"闽西汉剧"。

闽西汉剧角色行当分生、旦、丑、公、婆、净6个行头，在六门里又包含小生、老生、青衣、乌衣、花旦、老旦、彩旦、红净、黑净9个行当，并分别用假嗓、本嗓和炸音声腔，道白和唱词以湖广话为主，并融合闽西方言，唱腔丰富，净和丑是在脸谱上最具变化的行当，尤其是净行，传统的脸谱模型就有80多个。在乐器方面，乐队建制在吊规、提胡、扬琴、小三弦的基础上，配以竹笛、唢呐、号头等民族乐器。清末至民国初，是闽西汉剧的兴盛时期，戏班遍布闽西各地，闽中、闽南也曾流行。大小传统剧目有836个，《百里奚认妻》《醉园》《兰继子》《时迁偷鸡》《藏眉寺》等都是经典剧目。在不断的发展完善中，闽西汉剧已经形成一套独特的表演风格和艺术特征，已被列入第一批国家级非物质文化遗产名录。

山歌戏

闽西山歌的发展有着悠久的历史。当地民间无论是逢年过节，还是寿诞婚庆，男女老少都会即兴应景唱起山歌，可独唱，也可相约对歌或是聚会盘歌，形式灵活，活泼幽默。山歌戏正是在保留客家山歌精髓的基础之上，融入闽西各地山歌、小调、竹板歌、十番和鼓吹等民间音乐元素演变而成的一个新兴剧种，同时还不断吸取闽西汉剧、江西采茶戏、湖南花鼓戏、粤东客家山歌剧等曲艺特点而日臻完善。

山歌戏主要流行于新罗、连城、漳平、长汀、上杭、永定、武平等地，是以普通话和闽西方言演唱，主要内容直接来自民间，以淳朴的风格、简洁明快的节奏和随地取材的歌词，深受百姓喜爱。闽西山歌戏在半个多世纪的发展历程中，受到歌剧、话剧等的影响，已经由起初纯粹的民间口头表演转变为舞台式歌剧，采用乐器伴奏，配以龙岩采茶灯和民间秧歌步为主要舞蹈动作进行表演，形式也由简单的对答发展为有角色分工的故事叙述，从而塑造不同的人物形象。山歌戏带有故事情节的曲目，生动表现了老百姓的生活、生产及情感的悲欢，《刘海砍樵》《挽水西流》《补箩记》《浪子回头》《两姐妹》《茶花婆新郎》《故人》等就是从闽西170多种民谣、山歌中提炼加工而成的优秀剧目。

盘歌

盘歌是广泛流行于畲族、苗族、瑶族等少数民族地区的对唱型山歌，以盘问和回答的形式展开歌词的内容和情节。散居在闽粤赣山区中的畲族，盘歌极为盛行。无论是田间劳作、上山砍柴还是在家休息，相遇的青年男女都喜欢就地取材盘歌，以此展现彼此的才智。歌词多以叙事和故事为主线，也有根据情景随机编撰的，其丰富程度甚至可以替代交流的语言。但无论是什么内容，其套路都是一致的：以四句为一段，一方提问，一方作答，既可单对，也可群对，并

爱更是要通过盘歌来实现，这也是盘歌中最具"斗歌"意义的场景，青年男子从与女方相识、提亲甚至洞房都要闯过数次盘歌的"考验"，盘歌"失败"的男子可能会因此延迟甚至失去大好机会，以致在当地流传着"不会盘歌莫娶亲"的谚语。由此说来，古老畲族的历史就可以看成是一部盘歌大典。至今，延续了几百年的盘歌习俗在闽西的许多畲族地区仍然盛行。

从歌舞到服装都保留着古代中原的文化遗风。

20世纪50年代，采茶灯的形式有所改革，剔除戏的成分，成为纯粹的民间歌舞，成员免去小生和小丑，并改成清一色的少女，身穿薄纱状的艳丽披肩，舞步轻盈、细碎，舞姿挺拔，用山歌演唱和穿插对白来表现茶农上山采茶的乐趣。配以静板乐和灯仔鼓伴奏，曲调采用《剪剪调》的旋律。采茶灯主要流行于新罗的

左图：闽西汉剧《拾玉镯》表演。中图：融入竹板歌元素的山歌戏。右图：畲族的盘歌对唱。

以此决定"胜负"，所以也称"斗歌"，畲族人把这种具有复调特点的民歌形式称为"双条落"。

闽西畲族的日常生活甚至恋爱婚姻都是与盘歌紧密联系在一起的。在同族中探亲、聚会、联谊的活动中都离不开盘歌，有客人来要以歌迎客、客人也要以歌回谢，敬茶、敬酒等招待礼节中都有专门的盘歌内容。畲族男女青年的谈情说

采茶灯

龙岩采茶灯，又称"采茶扑蝶"，始于明清时期的龙岩苏坂美山村，最初是采茶休息时的一种边歌边舞的调剂方式，后来逐渐演变为融说唱、戏曲、舞蹈为一体的艺术表现形式，其中"戏"的成分较大，由8位采茶姑娘和茶公、茶婆、武生、小丑共12人，共同表演边"采茶"边"扑蝶"的情形，这一时期的采茶灯是

各乡镇。其音乐曾于20世纪90年代末被放置在宇宙飞船中，作为人类向"外星人"传达信息的一种"语言"。

近年来，漳平、武平、永定和上杭等地先后成立了多支采茶灯的表演团队。就像传统的龙灯和舞狮一样，采茶灯被当地百姓视为最吉祥的歌舞，凡新年、元宵或是市令，都是必不可少的重头节目。因为所表演的内容完全源于生活，节

奏鲜明，普遍被闽西各地百姓所接受，寻常百姓常常都能随声唱和。

十番音乐

以笛子、逗管、椰胡、云锣、狼串、大小锣、大小钹、清鼓等10种主要乐器演奏的十番音乐，是历代闽西客家传承下来的民间吹打乐，最早是从民间舞龙的伴奏音乐中分离出来的，初期也只有狼串、大小锣、大小钹等5种乐器，但为避免单调，后来又加入了清鼓和云锣等。十番音乐也称"十班""五对"，但实际上演奏时所使用的乐器并没有严格的规定，可以根据不同的曲目或是演奏目的而选择不同的种类，少则5—7种，多则十几种不等。十番音乐中的乐器一般都比较古老，像其中的狼串、逗管等早在北宋时期所编著的《乐书》中就有记载，其古老程度堪称客家乐器的"元老"。

十番音乐主要是用于迎神赛会、婚丧嫁娶或是民俗活动，也常以乐会友。在闽西流传有近300年的历史。演奏方式有坐奏与行奏2种，各乐器的排序根据演奏要求有所调整。就内容而言，基本以文场和武场间隔进行，形式灵活，曲风独特，大多描绘客家人生活生产的习俗情趣或赞颂自然之美，如《湖光柳色》《好花圆月》《梅兰菊竹》《莺歌燕舞》等都是十番音乐中的经典曲目，深受广大民众的喜爱。但随着现代音乐的发展，十番音乐因其自身的封闭性受到极大的冲击，保留十番音乐的客家地区已不多见。2006年，十番音乐被列入第一批国家级非物质文化遗产名录。

公嬷吹

世上成百上千种乐器中，能够划分出雌雄性别的不多，长汀的公嬷吹就是雌雄对奏的

十番乐队在为走古事活动演奏助阵。

独特乐器之一。乐器形似唢呐，但比唢呐长3倍左右，"公"短"嫲"长，"公"窄"嫲"宽。皆由梧桐木制成，下端套上铜制喇叭，上端是竹哨。分"公吹"和"嫲吹"两件乐器。"公吹"的旋律称为"雄句"，音域宽广、浑厚有力，音色低沉，极富有男性的磁力。"嫲吹"的对置曲调则称为"雌句"，清亮柔和，舒展悠扬，音色圆润明快。演奏中，"公吹"和"嫲吹"为主要乐器，采用纯五度的复调组合，再配以二胡、扬琴、三弦、中胡、大堂鼓、大堂锣、小锣、闹钹等。其代表作便是以主奏乐器"公吹"和"嫲吹"得名的《公嫲吹》，是长汀一首著名的民间器乐曲，曲调时而舒展悠扬，时而缓慢低沉如呜咽声声，如一对老夫妻互问互答，倾诉各自或喜或悲的心声，闻者动容。

作为长汀最古老的民间乐器，公嫲吹的发明者是谁，从何时开始出现都已经无从考证，现在只在长汀的局部地区有所保留，由民间艺人世代相传，成为八闽绝响。同长汀其他古老的民间音乐一样，随着老艺人的减少，公嫲吹也面临着后继无人的尴尬境地，被当

上杭的传统木偶戏表演。

地列为非物质文化遗产加以保护。

上杭木偶戏

上杭木偶戏确切说是提线木偶戏，用3根硬线和若干辅线控制木偶，并配"高腔"或"乱弹"，在表演者的控制下表现不同的动作。木偶角色分为生、旦、净、丑等，其中丑角需做出各种各样的"丑态"，在手、脚甚至眼、嘴部位都要有所体现，因此所需要的辅线最多。提线木偶善于表现童话、神话等题材的内容，通俗易懂，在闽西地区都广为流传，俗称"傀儡戏"。

明代初年，上杭白砂张坑的农民赖法料和塘丰农民李法佐、李法佑，凭发明1人，扛前往杭州学习当时极为盛行的高腔木偶戏，从杭州带回18个木偶，俗称"十八罗汉"，并以此在县里各乡村表演。高腔木偶戏没有乐器伴奏，通过后台"帮腔"的声调变换、声音强弱对比来表现表演内容的变化，前台表演者则在操控木偶的同时，或念或唱，所以只需2—3人即可以表演。自1865年以后，长汀、永定、宁化等地都派人前来学艺。从明中期到清中期的两三百年时间里，闽西木偶戏发展到鼎盛时期。据新编《上杭木偶志》载，上杭有近百个班社，竞往闽、粤、赣、湘、浙各地演出。闽西的木偶戏都由上杭流传开，白砂被视为发源地。

清乾隆以后，演出形式和表现效果都要比高腔先讲的乱弹腔在闽西开始流行，乱弹有乐器伴奏，表演人数和木偶人数也都随之增加，还出现了角

色分工，与之相对应的舞台设置也发生了较大的变化。这一时期上杭木偶戏积累了1000多个传统剧目，规模最大的一出戏中共有36个木偶。木偶戏之所以能在闽西客家地区流行，与之卅始时使用客家方言进行表演也有直接的关系，至今已经形成比较完整的艺术体系。

王环

王环在永定建立县治及后来农业、教育大发展中有着举足轻重作用的人物。明成化十四年（1478）永定建县后，王环被任命为首任知县。建县前的永定归属上杭，胜运、溪南等地先后由于赋税、徭役的分摊不公，富豪对贫民的剥削、欺压等引发农民起义，社会局势动荡不安。王环上任后及时治理社会环境，在税役上进行调整，免除农民额外的负担，设立养济院安置孤寡老人，同时严厉制裁肆意横行的乡绅富豪，重新整顿县治内部受贿行贿的官吏。这些举措深得民心，仅2年的时间，开创了永定有史以来最稳定的社会局面。

与此同时，王环督促兴修水利，在原有的杭陂基础上扩建渠圳，引西溪水入溪南里，改善用水状况，扩大灌溉农田面积，发展农业。溪南与胜运之间的道路也是在此期间开辟而成，改变了永定与上杭长期以来交通不便的历史。王环上任后在重教兴学方面也取得斐然成绩：建立县学、设立书院，鼓励民众耕读，一改建县前文化教育十分落后的势态，建县的第12年，就出现了第一位进士。1484年还主持编著了《永定县志》。

王环原籍浙江新昌，考中举人后，先是在上杭任训导，后在永定任职的6年，充分体现了他的治方谋略，这期间也是永定县具有界定意义的发展阶段。明嘉靖三十年（1551），王环被奉于"名宦祠"。

蛤蟆公太

"蛤蟆公太"是闽西客家人对福建节度使王审知的尊称，"蛤蟆"是"各府"的谐音，"公太"是百姓对"曾祖"的敬称。王审知是秦朝名将王翦的后嗣，河南光州固始人。唐光启元年（885）与兄王潮、王审邽一起随起义军南渡福建，景福二年（893）攻克福

蛤蟆公太王审知是五代十国时期的闽王。

州，任福建副观察使。即任次年，黄连洞2万余饥民围攻长汀，向来体恤民情、善待百姓的王审知下令禁止官兵诛杀，并积极抚慰，这一举动深得民心。后梁太祖开平三年（909）受封为闽王，王审知在闽王之位16年，是闽西、闽北甚至包括整个福建地区开发的重要历史时期。

在王审知任职期间，与南汉、吴越的地方割据势力友好缔结，平息战乱。同时对闽西客家地区采取了"轻徭薄赋"的政策，开发山区、兴修水利。鼓励当地百姓垦荒种粮、修建梯田、种植茶树和用以生产桐油的桐树，发展造纸工业等。不仅实现了闽西山区粮食自给，还支援沿海一带和纳贡朝廷，使闽西当时的农业、手工业得到前所未有的发展，并辐射到东南沿海和闽北各地。同时，还在福州、泉州两地建招贤馆办学，发展教育。

在连城、上杭、长汀等闽西各地都建有蛤蟆公太的庙宇以纪念王审知的功绩，闽西及邻近的广东河源地区许多乡村有农历二月初二请蛤蟆公太"出庙"的民间活动。

宋慈

作为世界法医学的鼻祖，南宋宋慈可谓声名远播。他的法医学代表著作《洗冤集录》比西方国家最早的同类著作——意大利人菲德里的著作早了350多年，可以算得上是世界第一部关于法医学的权威著作。

宋慈生于南平建阳，早年曾师从朱熹的弟子，深受朱子理学的影响。为拯救疾苦百姓，他年轻时就刻苦钻研医学，在内科、外科以及病理、解剖诸多方面均有所建树，尤其在尸检上有极深的造诣。宋慈曾4任法官和广东、湖南的刑狱官，积累了丰富的临床经验和医学理论及法医常识。长汀是他最早进行法医、断狱实践的地方，宋淳祐七年（1247）在湖南提点刑狱任职时整理出的法医学专著《洗冤集录》，其素材就有相当一部分是源自长汀。

宋慈与长汀的渊源远不止如此，改"福盐"为"潮盐"这是百姓爱戴宋慈的关键所在。绍定年间，宋慈到汀州府任知县。当时闽西所需要的盐都是从福州起运，溯闽江直至南昌，再从陆路转运到闽西各地。一路辗转，山路难行，匪患层出，正是由于运输不便，"愈年始至"，所以闽西各地盐价一直很高，民众怨声载道。宋慈到任后决定整饬官办盐政，开辟汀江水运改从潮州进盐，亲自沿江勘探，指挥规划航道。历经4年，潮州经永定峰市、上杭回龙直至长汀的黄金水道开辟成功，不仅解决了百姓用盐的问题，还开始了长汀木材和其他土特产品外运的里程。在汀江河畔，至今仍保留有碑亭，以寄托长汀百姓对宋慈的敬仰。

华嵒

华嵒字秋岳，号新罗山人，清代杰出画家。清康熙二十一年（1682）出生于上杭白砂里华家亭一个贫苦的家庭，自小喜欢绘画。在给村里的造纸坊做学徒时，边做工，边自学绘画。因为勤奋好学，又悟性极高，所以年纪轻轻就小有名气。1703年，由浙返乡，适逢村中重修华氏宗祠，族长嫌华嵒太年轻、"年少无成"而拒绝请他作壁画，愤然之下的华嵒夜翻祠堂，绘制了《高山云_ _ _ _ _ _ _ _ _ _ _ _ _ _ _ 《倚马题诗》4幅大型壁画后，不待天亮离乡出走，自此流浪

宋慈墓及其所编撰的《洗冤集录》里的解剖验尸图（小图）。

华嵒所绘的《金谷园图》，描绘了西晋富豪石崇在金谷园中与歌伎绿珠吹笛寻欢的场面。

他乡卖画，自喻为"飘蓬者"。尽管此后华嵒再也没有回到故乡，但这些壁画时至今日仍清晰可见，当地各族的祠堂，甚至龙王庙、土地庙里的壁画都纷纷效仿。

1718年以后，华嵒到杭州卖画，这是他艺术上的一个转折点，结识了徐逢吉、蒋雪樵等当地文人，彼此相互勉励，在杭州的14年时间为他以后的艺术成就奠定了基础。35岁时华嵒获特旨召试进京，被授以县丞之职，却"不授而归"到杭州继续以作画为生，开始"习诗词，练书法"，并将其融入画作中。后来，已过不惑之年的华嵒游画到扬州，与恽寿

平、金农、高翔等名家结识，经常参与扬州画派的艺术活动，故后人把他也列入扬州画派之内。

华嵒一反当时占统治地位的"四王"（王时敏、王鉴、王原祁和王翚）画风，主张师法自然，重视写生，构图新颖、形象生动。作品以其独特的构图角度、逼真的造型，尤其是集诗、书、画为一体的别具风格受到推崇，从而把文人画的发展推至鼎盛。他的花鸟画最负盛名，笔工细致，神趣盎然；人物画更是以"写心"与"传神"为最大特点，线条流畅，以夸张的手法对内心活动的刻画入木三分。主要代表作有《天山积雪图》《寒驼残雪图》《芳谷揽秀》等。后世不少画家喜欢在创作的画上标明"效新罗山人笔意"，以示师承和尊崇。

上官周

上官周、黄慎和华嵒都是清康乾年间汀州著名的画家，并称为画坛上的"闽西三杰"。其中，上官周为长辈，"扬州八怪"之一的黄慎曾师从他学习书画。

清康熙四年（1665）上官周出生于长汀南山官坊村，少

年拜闽西画坛较有影响的同里钟怡为师，后来在广东结识了著名诗人查慎行，相伴游览了广东的名川大山，其间创作的山水画《青山棹图》《查初白扶筇戴笠图卷》，"烟岚弥漫，墨晕出之自然"，成为上官周早期时代表作。在上官周书画人生中，最有造诣的还是他的人物画。在《晚笑堂画传》中，根据翔实的史料和丰富的艺术构思，精心刻画了周代至明代120位历史上文臣武将的人物肖像，毛法细腻，构图多变，人物表情形象逼真，后来的《绣像英烈传》《芥字园画谱》中的人物，都是从《晚笑堂画传》中选取或是模仿而成的。上官周的人物画开创了"闽派"的先路。

年近古稀时，上官周在长汀挂出"晚笑堂"画牌，继续潜心研读史卷，并于乾隆年间，在广州刊行了饱含他一生书画精华的《晚笑堂竹庄画传》和《晚笑堂竹庄诗集》。传世之作《南巡盛典图》《八旬万寿盛典图》《艚篷出峡图》《台阁春光图》《秋山行旅图》被多家博物馆收藏，《台阁风声图》《晚笑堂画传》在日本的书画界都享有极高的赞誉。

除人物画、山水画以外，

上官周在《晚笑堂画传》中所绘的淮阴侯。

上官周还精通天文地理，并在诗、书、篆刻等方面均有所涉猎。虽然才识过人，但是他淡泊名利，从不巴结权贵，不赴试也不出仕，一生不曾为官，这对他的艺术成就产生了很大影响。至今在上官周家乡境内仍保留有上官氏宗祠冀纶堂，是他青少年时代曾居住并拜师学艺的地方。

廖鸿章

在永定，"祖孙父子兄弟翰林"的"科第世家"佳话一直是廖氏族人激励后人的典范。其"祖"即是指廖鸿章，清乾隆进士、大学士。

廖鸿章出生于坎市青坑村。身为举人的父亲家教严格，开始了他不寻常的勤奋好学，在乾隆元年（1736）参加乡试中举，此后赴京在殿试

中考取进士，并被选为翰林院庶吉士，学习3年后到苏州紫阳书院掌教，由于精于治学、严于管理，紫阳书院日益声威，云集学者无数，以至当朝皇帝乾隆南巡时，还慕名到紫阳书院视察，特赐诗表彰其业绩。嘉庆九年（1804），他卒于紫阳书院，身后留下《南云书屋文集》《黎余诗草》《柴阳课艺》等著作，通俗易懂的《勉学歌》是他人生心得的结晶。

永定人对廖鸿章津津乐道的不仅是他的治学业绩，还有其培育子孙后代的成功之道。在苏州紫阳书院时，廖鸿章就已经开始在家乡设立私塾，进行传统文化的教育。在他传下的四代中，出了4个翰林、3个举人；还有他的侄辈及其后人中另有2个进士、4个举人，这

在清代实属罕见，因此永定民间有"独中青坑"的说法，而有地利之便的坎市，因作为商品集散地而成为富庶之地，这大概也是其历朝历代多出读书人的原因。

胡子春

胡子春名国廉。1860年生于永定下洋中川村，祖父和父亲早年都在马来西亚槟城经营胡椒园、矿场，创下基业。19世纪50年代父亲回国娶妻。胡子春幼时父母便先后去世。13岁时在马来西亚的矿场做杂工，学习"行巴"（俗语，勘察矿苗）。后来，他从矿主废弃的一座矿山发现锡矿，自此起家，获得马来西亚多处地域的采矿权，一跃成为东南亚的"锡矿大王"（第一次世界

永定的廖氏宗祠内存有多幅褒奖廖鸿章的牌匾。

大战后，他还因捐献英政府30万英镑，被英王封为"矿务大臣"）。1904年，胡子春在海南岛儋州那大合伙投资创办侨兴有限公司，冒着被所在国判刑的危险，连续多年从马来西亚大批量地偷运橡种橡苗，终在那大侨南乡界种植橡胶成功，开创了中国栽培橡胶的纪元。

1905年秋，胡子春对于大清帝国对各国赔款达700余万两白银之事，以为"家国相维之理，万无置身事外"，毅然在海外霹雳州首起响应并推动了"国民捐"的举措。两广总督岑春煊到南洋宣慰侨胞时，胡子春向清朝捐献建设资金白银50万两，后又分2批向清政府捐银共计80万两，还3次捐资修建粤汉、苏浙和漳厦3条铁路。清末，胡子春对清廷深感失望，转而支持革命，多次捐资或购买武器运回国内。

1899年，胡子春曾回到家乡中川率先创办石示角学院、犹兴学堂，并在永定城区创办当地第一所师范简易学堂。1905年与区昭仁等在怡保创办坝罗普通女学堂。1908年胡子春在槟城创办中华女学，开创了南洋华侨女子教育之先河，被称为"南洋的孟尝君"。1921年，胡子春病故于槟城，

抗日战争时期，胡文虎（前右二）在香港。

留在家乡的土楼建筑荣禄第，成为乡亲怀念"锡矿大王"的珍贵文物。

胡文虎

胡文虎是一位在特定历史条件下诞生的传奇人物，1882年生于缅甸，祖辈为永定下洋中川村人，父亲胡子钦是侨居缅甸的著名中医。胡文虎10岁回到家乡接受传统文化教育，14岁重返仰光，继承父业经营永安堂。其间在弟弟胡文豹的协助下，研制了万金油、八封丹、清快水等成药，成为气候炎热的东南亚各国最适宜的解暑中药，因此发家的胡文虎兄弟在中国东南沿海及东南亚各地先后设立永安堂分行。除了钻研各种成药、经营药堂

外，他还在国内外办起了星华、星光、星暹、星槟、星岛、星闽、星洲等星系日报、晚报和香港、新加坡英文《虎报》以及新加坡《汇总报》等13家中、英文报纸，成为东南亚当时最大的报业集团。

立业后的胡文虎，同广大海外华侨一样心系故土。20世纪30年代初期，修筑闽西公路时他出资8万元人民币，后又投资20万港元兴办福州自来水厂。1933年，受当时主闽的蒋光鼐邀请，胡文虎应聘为福建省建设委员会委员，并在其《星洲日报》开辟"新福建"专刊，向东南亚各地推介福建的建设，极大促进了福建的经济发展。1935年胡文虎宣布要在中国各地兴建1000所

小学（其中福建100所），捐献350万银圆，到1938年已建成300余所，后因日本侵略影响，建校计划未能完成。胡文虎兄弟在国内还先后捐助中山大学、厦门大学和南京中央医院等多家机构的兴建，包括捐助垦荒和赈济灾民以及向侨居地及华侨社会捐资兴办公益事业等，共耗资3000多万银圆。1954年，胡文虎在美国檀香山因病去世。他生前在家乡建起的虎豹别墅如今成为"胡文虎纪念馆"。

包氏中医世家

上杭庐丰丰济村虽然人口不多，但历来重视教育，人才辈出。其中以包育华、包识生父子为代表的包氏中医世家最有名望。

包氏中医世家的创始人包育华生于1847年，"性嗜学，精医理"，潜心钻研中国古代经典医学著作，把中医望、闻、问、切的精华发挥到了极致，以善治奇难杂症而远近知名，被当时的人们尊称为"神医"和"伤寒大家"。55岁时，包育华总结大半生的医道精华，在潮州出版《无妄集·活法医书》《剖厥方》等医学名著，为后人从医留下了极其宝贵的财富。其子包识生自幼年受到父亲的耳濡目染，致力于伤寒病的研究，到20岁时就已经能够独立行医，在广东、福建等地留下口碑。1912年，而立之年的包识生离开由父亲在潮汕地区创立的耕心堂，到上海创办神州医药总会，这是民国时期成立较早、规模最大的中医药社团，先后在四川、福建、江西等省建有十几个分会。同时，负责主编《神州医学报》，成为民国初期中医界最有影响的学术刊物之一。从1914年到1918年年间，包氏先后成立中医中药学会、神州医药专门学校和神州医院，在华东、华南形成广泛的影响。

包氏家族中，在医学方面较有成就的还包括包德逮、包德辉、包德彰、包天白、包汝袍等，包括包育华的妻子、孙媳都是中医儿科专家。包氏中医世家家族内从医人数之多，涉足地域之广，在福建、广东、江西等客家地区有巨大的影响。

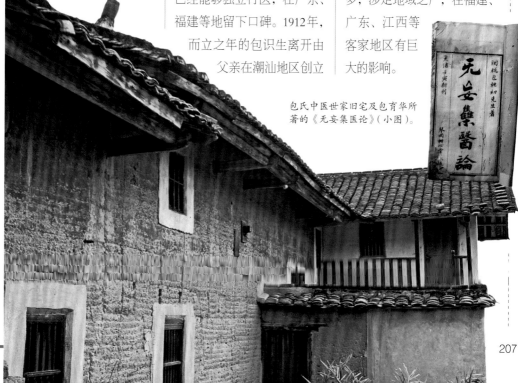

包氏中医世家旧宅及包育华所著的《无妄集医论》（小图）。

主要参考文献

龙岩市地方志编纂委员会:《龙岩市志》,方志出版社,2006年。

龙岩市新罗区地方志编纂委员会:《龙岩新罗区志(1988—2002)(上下)》,方志出版社,2008年。

漳平市地方志编纂委员会:《漳平县志》,三联书店,1995年。

永定县地方志编纂委员会:《永定县志》,中国科学技术出版社,1994年。

上杭县地方志编纂委员会:《上杭县志》,福建人民出版社,1993年。

福建省武平县县志编纂委员会:《武平县志》,中国大百科全书出版社,1993年。

福建省长汀县地方志编纂委员会:《长汀县志》,三联书店,1993年。

连城县地方志编纂委员会:《连城县志》,群众出版社,1993年。

中国大百科全书出版社编辑部:《中国大百科全书·中国地理》,中国大百科全书出版社,1993年。

崔乃夫:《中华人民共和国地名大词典》,商务印书馆,2002年。

张立权等:《中国山河全书》,青岛出版社,2005年。

李孝聪:《中国区域历史地理》,北京大学出版社,2004年。

刘明光:《中国自然地理图集》,中国地图出版社,2010年。

福建省地质矿产局:《福建省区域地质志》,地质出版社,1985年。

福建省地方志编纂委员会:《福建省历史地图集》,福建省地图出版社,2004年。

卢建岩:《闽西风物志》,福建人民出版社,1988年。

闽西客家联谊会:《闽西客家外迁研究文集》,海峡文艺出版社,2013年。

龙岩市地方志编纂委员会:《闽西史志2003年第一期》,闽西史志杂志社,2003年。

厦门大学历史系、中共党史教研组:《闽西革命根据地》,上海人民出版社,1978年。

蔡立雄:《闽西商史》,厦门大学出版社,2014年。

张开光:《闽西妈祖》,海潮摄影艺术出版社,2010年。

地质部南京地质矿产研究所:《闽西南地区马坑式铁矿成矿地质条件矿床成因找矿标志的研究》,地质部南京地质矿产研究所,1981年。

福建省煤田地质勘探公司:《闽西南早二叠世含煤地层及植物群》,煤炭工业出版社,1989年。

王远延:《闽西戏剧史纲》,中国文联出版社,1999年。

郭义山、张龙泉:《闽西掌故》,福建人民出版社,2002年。

何志溪等:《闽西民风概览》,鹭江出版社,2012年。

龙岩市政协文史资料委员会:《闽西春秋》,龙岩市政协文史资料委员会,1998年。

谢重光:《乡土中国:闽西客家》,三联书店,2002年。

万苏杭:《闽西客家大典》,海风出版社,2011年。

赖莎民、苏志鹄:《闽西土特产》,福建省龙岩地区科技情报研究所,1983年。

钟德彪、苏钟生:《闽西近代客家研究》,北京燕山出版社,2000年。

郭启熹:《闽西族群发展史》,福建教育出版社出版,2008年。

俞如先、闽西客家联谊会:《美丽闽西:客家生态与环境建设》,海峡文艺出版社,2014年。

易石嘉:《闽越文化》,华艺出版社,2011年。

陈名实:《闽越丛谈》,厦门大学出版社,2012年。

许智范:《南方文化与百越滇越文明》,江苏教育出版社,2005年。

何绵山:《闽文化续论》,北京大学出版社,2007年。

何绵山:《闽文化概论》,北京大学出版社,1996年。

郭志超:《畲族文化述论》,中国社会科学出版社,2009年。

钟伯清:《中华民族全书:中国畲族》,宁夏人民出版社,2012年。

畲族简史编写组:《畲族简史》,民族出版社,2009年。

车越乔:《越文化实勘研究论文集》,科学出版社,2008年。

王晓敏:《福建省古道景观保护恢复研究》,中国优秀硕士学位论文全文数据库(CNKI),2009年。

许志峰、洪阿实、陈承惠、王明亮:《闽西石灰岩洞穴地质特征及其石笋发育过程的古气候变化》,《台湾海峡》,1996年04期。

戚学祥、旷宏伟、陈培良、刘绍濂:《长江中下游燕山期侵入岩地球化学特征及其地质意义》,《资源调查与环境》,2002年01期。

陈海岩:《龙岩山字型构造与石灰岩找矿》,《中国非金属矿工业导刊》,2008年05期。

孔祥海:《闽西常绿阔叶林植物区系分析》,《广西植物》,2010年01期。

鲍智明:《客家民系在闽西形成的自然地理环境探析》,《福建地理》,2006年02期。

张赐东、郑健荣、张媛、李志军:《闽西客家地区舞龙运动的现状调查与发展对策研究》,《龙岩学院学报》,2009年05期。

郭义山:《龙岩河洛文化理应纳入闽南文化圈》,《龙岩学院学报》,2011年03期。

陈传明:《梅花山自然保护区植物生物多样性特征研究》,《中国农学通报》,2006年01期。

王飞、李清华、林新坚、林诚、何春梅、李昱:《福建省冷浸田治理利用的思考》,《农业现代化研究》,2012年02期。

李清华、王飞、何春梅、林诚、李昱、林新坚:《福建省冷浸田形成、障碍特性及治理利用技术研究进展》,《福建农业学报》,2011年04期。

许婧:《手工造纸与客家族群文化研究——以"连城宣纸"为例》,《云南民族大学学报》,2010年04期。

赵赟:《强势与话语:清代棚民历史地位之反思》,《中国农中》 2007 年 03 期。

刘秀生：《清代闽浙赣皖的棚民经济》，《中国社会经济史研究》，1990 年 04 期。

福建省地质八队：《福建龙岩马坑铁矿矿床地质特征及其成因探讨》，《福建地质》，1982 年 01 期。

韩发、葛朝华：《马坑铁矿——一个海相火山热液—沉积型矿床》，《中国科学》，1983 年 05 期。

刘仁庆：《论玉扣纸——古纸研究之二十二》，《纸和造纸》，2012 年 07 期。

蓝泰华：《福建汀州（长汀）客家传统民间美术研究》，中国优秀硕士学位论文全文数据库（CNKI），2012 年。

陈世松：《清初闽西移民大举迁川内因的个案研究》，客家文化学术研讨会，2004 年。

张佑周：《闽西客家家族形态及其功能初探》，《龙岩师专学报》，2005 年 01 期。

林东燕：《闽西南地区晚古生代—三叠纪构造演化与铁多金属矿成矿规律研究》，中国优秀硕士学位论文全文数据库（CNKI），2011 年。

张佑周：《试论现代化进程对闽西客家社会宗法制遗风的冲击》，《龙岩学院学报》，2008 年 01 期。

廖开顺：《中原移民与闽西北客家区的形成》，《中原文化研究》，2013 年 02 期。

项华宗：《文天祥在连城的足迹》，《炎黄纵横》，2011 年 01 期。

靳阳春：《宋元汀州经济社会发展与变迁》，中国优秀硕士学位论文全文数据库（CNKI），2011 年。

郭启熹：《开漳圣王文化在龙岩的流播》，《闽台文化交流》，2007 年 01 期。

张强：《太平军在闽西的斗争》，《龙岩学院学报》，2006 年 01 期。

郭启熹：《评两度入岩的太平军》，《闽西职业大学学报》，2005 年 01 期。

陈平：《客家首府闽西长汀》，《旅游》，2012 年 12 期。

雷威：《福建长汀妈福信仰探析》，中国优秀硕士学位论文全文数据库（CNKI），2012 年。

吴承亭：《长汀县：依法保护历史文化名城》，《人民政坛》，2000 年 05 期。

柴文婷：《长汀古城客家民居建构研究》，中国优秀硕士学位论文全文数据库（CNKI），2013 年。

陈泽泓：《南海国地望考——兼证南海国存在时间》，《广东史志》，1999 年 01 期。

林善珂：《"南海国"都城在武平的初步考察及其意义》，客家文化学术研讨会，2004 年 12 月。

郭启熹：《武平出土文物与闽西的百越文化》，《闽西职业技术学院学报》，2010 年 01 期。

傅棨生：《古田会议：人民军队定型的标志》，《南京政治学院学报》，2000 年 01 期。

陈佛保《汀州调产陋始，中国经济作案儿生的摇篮》《福建党史月刊》，2011 年 07 期。

张盛钟：《上杭摩陀寨生态旅游资源的开发利用》，《防护林科技》，2001 年 01 期。

张惟：《龙岩欧氏和世界"三欧"文化特色》，《闽西日报》，2008 年 07 月 3 日。

罗勇·《略谈客家"耕读传家"的文化传统》《寻根》，2007 年 05 期。

郭志超：《闽台崇蛇习俗的历史考察》，《民俗研究》，1995 年 04 期。

吴春明、王樱：《"南蛮蛇种"文化史》，《南方文物》，2010 年 02 期。

卜奇文：《赣南、闽西、粤东三角地带客家土楼文化研究》，中国优秀硕士学位论文全文数据库（CNKI），2000 年。

熊海群、张怀珠：《闽西客家土楼民居中风水因素的探究》，《小城镇建设》，2007 年 03 期。

陈李冬：《闽西客家土楼建筑与文化》，《温州大学学报》，2005 年 06 期。

本书所涉区域的各级政府官方网站

福建省情资料库

中国知网

中国在线植物志

中国动物主题数据库

图片工作者

图片统筹： FOTOE/王敏　　　　　　　　**插图绘制：** 谢昌华　唐凌翔　苏　智　刘连英

特约摄影： 伍远近　黄植明

图片提供：

alchemist/FOTOE: P78 图

Yellowstone/FOTOE: P99 图

蔡憬/FOTOE: P164 图

草草/FOTOE: P42, 140, 176 图

陈湘/FOTOE: P145 图

单晓刚CTPphoto/FOTOE: P180 图

段德咏/FOTOE: P78 图

多吱/FOTOE: P161 图

郭有光: P130 图

胡晓钢: P30 图

华岊/FOTOE: P204 图

黄旭/FOTOE: 封底, P107, 111, 127 图

黄云裕/FOTOE: 封面, P104 图

黄植明/FOTOE: P20, 44, 46, 47, 49, 50, 51, 60, 67, 69, 73, 116, 153, 157, 205 图

柯炳钟/CTPphoto/FOTOE: P5, 5, 140, 181 图

孔兰平/FOTOE: P203 图

赖祖铭/FOTOE: P115, 172 图

雷历/FOTOE: P28, 54, 55, 97, 117, 124, 155, 166, 174, 188, 191 图

李璧蕙CTPphoto/FOTOE: 封面, P181图

李国潮: P72 图

李晓东/FOTOE: P90, 92 图

梁杰明/FOTOE: P99 图

林密/FOTOE: 封面, 书脊, 封底, P6, 9, 14, 16, 18, 19, 22, 40, 48, 54, 56, 59, 62, 65, 69, 73, 74, 79, 80, 87, 102, 109, 112, 118, 119, 121, 123, 127, 132, 133, 134, 135, 136, 138, 139, 141, 148, 162, 175, 176, 182, 184, 187, 192, 193, 195, 197, 199, 201 图

刘永良/人民图片/FOTOE: 封面, P136 图

聂鸣/FOTOE: P173 图

人民图片/FOTOE: 封面, P23, 24, 84, 92, 98, 100, 101, 103, 160, 196, 199 图

沈文生/FOTOE: P43, 76 图

石宝琇/CTPphoto/FOTOE: 封面, 扉页, P4, 175, 176 图

苏建强/FOTOE: P10 图

覃江英/FOTOE: P96 图

谭伟/FOTOE: P78 图

王达宁/FOTOE: P11 图

王敏/FOTOE: P40, 150, 152, 159, 185, 192, 199, 200, 203 图

王商林/FOTOE: P5, 13, 21, 38, 142, 160, 179, 180, 187 图

文化传播/FOTOE: P146, 154, 183, 191, 202, 205, 206 图

吴建德/FOTOE: P146 图

吴祖炎/FOTOE: P36 图

伍远近/FOTOE: 封面, P14, 20, 21, 25, 26, 27, 29, 32, 33, 34, 41, 42, 50, 52, 53, 58, 59, 67, 70, 71, 75, 82, 83, 85, 89, 93, 94, 110, 113, 114, 116, 122, 122, 124, 125, 129, 134, 137, 139, 140, 140, 151, 166, 167, 171, 176, 179, 189, 190, 207 图

西页/FOTOE: P12 图

谢光辉/CTPphoto/FOTOE: P109, 180 图

徐亚幸/FOTOE: P91 图

徐晔春/FOTOE: 封面, P78, 86, 88, 94, 96 图

徐永福/FOTOE: P78 图

许旭芒/FOTOE: P91 图

阎建华/FOTOE: 封底, P2 图

杨泓/FOTOE: 封面, P78, 101 图

杨兴斌/FOTOE: P78 图

翟森森/FOTOE: P158 图

张斌/人民图片/FOTOE: P78 图

张亮/FOTOE: P100 图

张润堂/FOTOE: P95 图

张永辉/FOTOE: P64 图

周洪义/FOTOE: 封面, P96 图

朱裕森: P168 图

特别鸣谢（排名不分先后）

中国科学院兰州分院

中国科学院南海海洋研究所

中国科学院寒区旱区环境与工程研究所

中国科学院东北地理与农业生态研究所

重庆地理学会

广西师范学院

广州地理研究所

贵州省地理学会

贵州师范大学

河南省科学院地理研究所

华南濒危动物研究所

华中师范大学城市与环境科学学院

江西师范大学

青海省地理学会

青海师范大学

山东省地理学会

山东师范大学人口·资源与环境学院

山西省地理学会

山西师范大学地理科学学院

西南大学地理科学学院

浙江省地理学会

中山大学图书馆